U0156004

1949 — 1979

中国包装设计

珍藏档案

ARCHIVES OF CHINESE PACKAGING DESIGN

左旭初 ——— 著

上海人民美术出版社

目
CONTENTS
录

目
录

CONTENTS

目
CONTENTS
录

1949 —
1979

纺织品包装设计
TEXTILE
PACKAGING
DESIGN

1949 — 1959

针织内衣包装封套设计

Packaging Label Design of Knitted Underwear

20世纪50年代，国内纺织品中针织内衣的生产，与20世纪20年代起步阶段相比，确实是发生了巨大变化。其主要表现在：不但针织内衣产品质量不断提高，就连产品生产地区，也在不断向内陆扩展与延伸。20世纪二三十年代，国内针织内衣产地主要集中在沿海地区，如上海、宁波和天津等纺织工业生产发达区域。20世纪50年代，针织内衣生产在中部地区也快速发展起来。本节展示的部分针织内衣包装封套，就是20世纪50年代太原、平遥等地生产的。

1949—1959年针织内衣包装封套设计有两个非常明显的特点。一是从形状看，当时设计师主要是采用横式长条状设计。这种横式长条状的包装封套完全适合那时针织内衣产品的包装需求，即对出厂新品针织内衣包装起到了一种保护作用。二是包装上的内容对产品也起到宣传推广的作用。三是包装上的图案设计也有一些非常明显的特色，主要有以下两种类型：其一是直接用商标图样作为整个包装封套的主题图形，如上海伟成电织厂使用的"人力"牌、上海信孚电织厂使用的"天狗"牌、晋生纺织厂使用的"秋菊"牌针织内衣包装封套等；其二是由商标与装饰图案组合而成。

1949–1959

上海华昌织造厂使用的"金鹤"牌针织内衣包装封套

1949–1959

中华织造厂使用的"双爱"牌针织内衣包装封套

1949-1959

上海久益裕记电机针织厂
使用的"三桃"牌针织内衣
包装封套

1949-1959

上海伟成电织厂使用的"人
力"牌针织内衣包装封套

1949-1959

永记棉织厂使用的"毛毛雨"牌针织内衣包装封套

1949-1959

上海信孚电织厂使用的"天狗"牌针织内衣包装封套

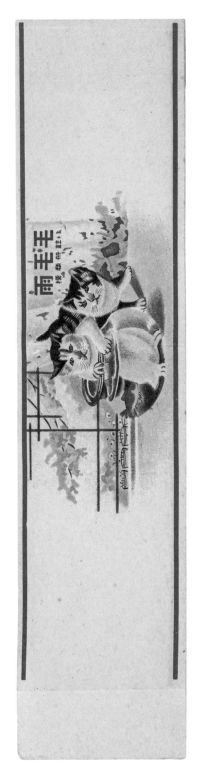

1949–1959

晋生纺织厂使用的"秋菊"
牌针织内衣包装封套

1949–1959

上海泰丰棉织厂使用的"泰
丰"牌针织内衣包装封套

1949-1959

上海大丰电机织造厂使用的"花橘"牌针织内衣包装封套

1949-1959

德记电织厂使用的"金狮"牌针织内衣包装封套

1949-1959

上海南华棉织厂使用的"玉兔"牌针织内衣包装封套

1949-1959

山西平遥·协同联营织造厂使用的"协进"牌针织内衣包装封套

品出厂织棉华南海上

标商兔玉

RABBIT BRAND TOWELS

NAN HWA COTTON WEAVING WORKS
SHANGHAI

号四十八路南西庙海上

协进牌

山西平遥·协同联营·监造

马围街十号

地址·

1949–1959

义同联营织造厂使用的"风行"牌针织内衣包装封套

1949–1959

山西平遥新型职工联合织造厂使用的"新型"牌针织内衣包装封套

1949-1959

针织加工组使用的"战车"
牌针织内衣包装封套

1949-1959

太原织造厂使用的"晋华"
牌针织内衣包装封套

1949-1959

上海勤兴纺织袜衫厂使用
的"黑猫"牌汗衫包装封套

1949-1959

"水晶"牌线汗衫包装封套

1949–1959

统一棉织厂使用的"电力"
牌针织内衣包装封套

1949–1959

振华针织部使用的"双兔"
牌针织内衣包装封套

1949–1959

中华织造厂使用的"千代"
牌针织内衣包装封套

1949–1959

中国无锡中华织造厂使用
的"勇军"牌针织内衣包
装封套

1949–1959

山西省太原织造厂使用的
"人民胜利"牌针织内衣包
装封套

1949–1959

上海华光织造厂使用的"蟹
菊"牌汗衫包装封套

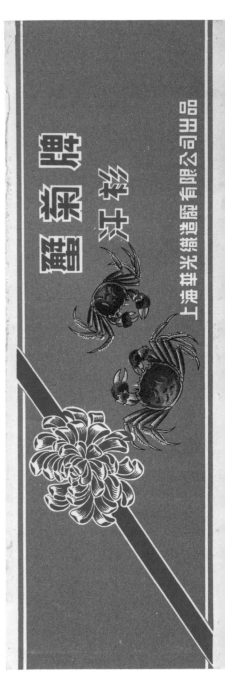

1949 — 1959

袜子包装标贴设计

袜子包装的外观形态可谓多种多样，如有袜子外包装纸设计、袜子内包装纸设计、袜子包装封套设计、袜子包装插牌设计、袜子包装吊牌设计、袜子包装封口纸设计等。而本节要给广大读者介绍的是袜子包装标贴设计。

袜子包装标贴设计可分为竖式条状单面、双面标贴设计，袜子块状尺寸类包装标贴设计，袜子块状券证类包装标贴设计等。

1949 年至 1959 年的袜子包装标贴设计与 20 世纪二三十年代的袜子包装设计相比，存在不少细微的差异。20世纪 50 年代初期的袜子包装标贴设计几乎全部使用上下双面图样。而在 20 世纪 50 年代后期，为了节约纸张，包装标贴表面积是又窄又小，画面也逐渐简约。但有些包装在印刷方面增加烫金烫银的工艺，如共和·同顺联合袜厂的"龙凤"牌和"龙凤牡丹"牌袜子包装标贴、中华织造厂的"槟榔"牌袜子包装标贴，都采用烫银工艺印制。其他还有些包装使用了凹凸印制工艺。

1949—1959

上海大成厂使用的"花狗"
牌袜子包装标贴

1949—1959

上海中华织造厂使用的"莲
生"牌袜子包装标贴

1949-1959

上海永和制造厂使用的"母女"牌袜子包装标贴

1949-1959

上海万生袜厂使用的"双美"牌优等线袜包装标贴

1949-1959

上海同济电机针织厂使用的
"松鼠"牌袜子包装标贴

1949-1959

上海勤兴纺织袜衫厂使用的
"黑猫"牌袜子包装标贴

1949—1959

光华袜厂使用的"双马"牌
袜子包装标贴

1949—1959

上海荣德织造厂使用的"三
五"牌袜子包装标贴

1949—1959

久新织造厂使用的"海船"
牌袜子包装标贴

1949—1959

上海新昌针织厂使用的"兵
工"牌袜子包装标贴

1949-1959

上海共和·同顺联合袜厂使用的"龙凤"牌袜子包装标贴

1949-1959

上海共和·同顺联合袜厂使用的"龙凤牡丹"牌袜子包装标贴

1949–1959

上海建康织造厂使用的"康球"牌袜子包装标贴

1949–1959

上海庆福电机针织厂使用的"龙虎"牌袜子包装标贴

1949–1959

硖石益民袜厂使用的"万象回春"牌袜子包装标贴

1949-1959

江南信记厂使用的"长江"
牌袜子包装标贴

1949-1959

上海久益裕记电机针织厂使
用的"三桃"牌袜子包装标贴

1949-1959

上海劳工针织厂使用的"高亭"牌袜子包装标贴

1949-1959

上海康福织造厂使用的"康福"牌袜子包装标贴

1949–1959

上海新光电机针织厂使用的
"金刚"牌袜子包装标贴

1949–1959

中华织造厂使用的"槟榔"
牌袜子包装标贴

1949-1959

上海三新厂使用的"三圈"
牌标准袜包装标贴

1949-1959

上海同兴实业社使用的"唱
机"牌袜子包装标贴

1949-1959

上海同兴实业社使用的"唱
机"牌袜子包装标贴（不同
款式）

1949-1959

上海同兴实业社使用的"司
麦脱"牌袜子包装标贴

1949-1959

上海公私合营足安袜厂使用
的"金叶"牌袜子包装标贴

线团
包装标贴设计

Packaging Label Design of Ball of String

　　线团，也称木线团、木纱团或辘线团等，一般由专业制线厂通过机器将棉纱线绕在木芯上。线团的包装标贴设计分为两类：一是木芯两端的包装标贴设计，二是线团的纸盒（一般一盒能放入12件线团）包装设计。

　　木芯两端的圆形标贴直径在3厘米左右，又可分为主图与副图的设计。主图设计以线团商标图样为主，副图设计则以文字内容为主。如上海国华线厂使用的"孔雀"牌、上海瑞和线厂使用的"眼睛"牌线团等包装标贴主图与副图的设计，就非常鲜明。

　　线团纸盒外观基本上是长方体。盒盖正面标贴一般以产品商标为主，并配以大量文字广告语和各种几何装饰图案等。如华豫线厂使用的"地球"牌线团包装盒标贴即是如此。

1949-1959

上海江南线厂使用的"枪"牌线团包装标贴

1949-1959

上海线厂使用的"星月"牌车线包装标贴

1949-1959

上海昆仑线厂使用的"金驼"
牌车线包装标贴

1949-1959

华昌骏记辘线厂使用的"马
头"牌线团包装标贴

1949-1959

华昌骏记辘线厂使用的"马
头"牌线团包装标贴（不同
款式）

1949-1959

香港亚洲线辘公司使用的
"帆船"牌线团包装标贴

1949-1959

上海国华线厂使用的"孔雀"
牌线团包装标贴

1949-1959

上海国华线厂使用的"孔雀"
牌线团包装标贴（不同款式）

1949-1959

华盛线厂使用的"双喜"牌
线团包装标贴

1949-1959

信孚辘线厂使用的"帆船"
牌木纱团包装标贴

1949-1959

大中华线厂使用的"双羊"
牌线团包装标贴

1949-1959

上海丝美线厂使用的"蜘蛛"
牌线团包装标贴

1949-1959

华瑞线厂使用的"狮旗"牌
线团包装标贴

1949-1959

中德线厂使用的"金钱"牌
线团包装标贴

1949-1959

瑞和线厂使用的"眼睛"牌
线团包装标贴

1949-1959

上海华丰线厂使用的"吉普"
牌线团包装标贴

1949-1959

中国飞纶制线厂使用的"飞
轮"牌线团包装标贴

1949-1959

永新生线厂使用的"三星"
牌线团包装标贴

1949-1959

上海永安线厂使用的"热心"
牌线团包装标贴

1949-1959

上海永安线厂使用的"金斧"
牌线团包装标贴

1949-1959

上海永安线厂使用的"金斧"
牌线团包装标贴（不同款式）

1949-1959

华光线厂使用的"佛手"牌
辘线团包装盒标贴

1949–1959

上海瑞和线厂使用的"眼睛"牌线团包装盒标贴（不同款式）

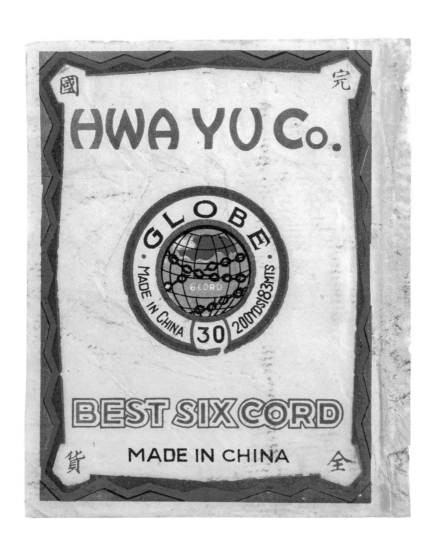

1949—1959

华豫线厂使用的"地球"
牌线团包装盒标贴

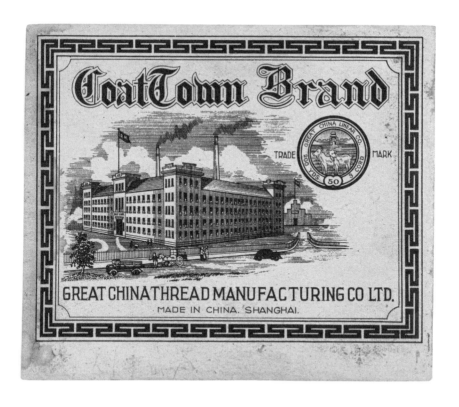

1949-1959

中国飞纶制线厂使用的"万
钱"牌木纱团包装盒标贴

从 20 世纪 50 年代起，各地毛巾的包装封套与前文介绍的针织内衣包装封套有不少相似之处，如外形都呈横式长条状。但不同的是，毛巾包装封套外观尺寸比针织内衣包装封套要大而宽。所以包装上会印有当时政府倡导的"发展城乡交流，促进经济繁荣""工农业走联合之路"等方针政策，如川沙县毛巾新联营处使用的"中百"牌毛巾包装封套。

"钟"牌毛巾是我国毛巾行业中的传统名牌产品，目前还在生产、销售。该品牌毛巾由中国萃众制造公司生产。该品牌包装设计的最大亮点就是"钟"牌商标的设计。"萃众"二字组成一口钟的图形。文字与图形的完美结合让人过目难忘。

1949—1959

江苏省川沙县合作社联合社使用的"麦穗"牌软毛巾包装封套

1949-1959

川沙县毛巾新联营处使用
的"中百"牌毛巾包装封套

1949-1959

上海大丰棉织染厂使用的
"三花"牌软毛巾包装封套

1949-1959

上海恒泰棉织厂使用的"麻
雀"牌软毛巾包装封套

1949-1959

中国萃众制造公司使用的
"钟"牌毛巾包装封套

毛线、绒线包装标贴与封套设计

毛线、绒线包装分成两种。一是体积较大的毛线、绒线（常见尺寸为长 13 厘米，宽 10 厘米），包装一般使用包装标贴；二是体积较小的毛线、绒线（常见尺寸为：长 4 厘米，宽 3 厘米），一般使用包装封套。

20 世纪 30 年代前，英国、德国等西方工业发达国家输入我国的毛绒线包装设计比较固定，具体来说就是一个粗边框加上产品主要的介绍文字。编排也比较固定，上面是商标名称，下面是生产企业名称，左右两边是产品名称与广告语。如 30 年代初由英商开办的密丰绒线厂，50 年代初还在继续使用的"杜鹃"牌、"蜂房"牌和"三蜂"牌等多种毛绒线包装标贴。30 年代至 50 年代国产的毛绒线包装标贴基本上也是仿照外商的这种设计方式，如上海毛绒纺织厂使用的"双猫"牌、"小囡"牌，安乐纺织厂使用的"英雄"牌等。

毛绒线包装封套设计与包装标贴的设计关系密切。如"白雪公主"牌包装封套与标贴基本一样。另外包装封套设计比包装标贴设计更灵活、多样。

1949-1959

上海茂新毛绒纺织厂使用的
"美丽"牌毛绒线包装封套

1949-1959

密丰绒线厂使用的"三蜂"
牌细绒线包装封套

华丰毛绒厂使用的"白马"
牌绒线包装封套

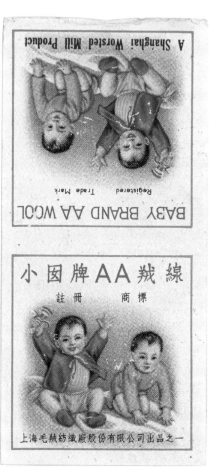

1949-1959

上海毛绒纺织厂使用的"小
囡"牌 AA 绒线包装封套

1949-1959

上海毛绒纺织厂使用的"白
雪公主"牌 AA 绒线包装
封套

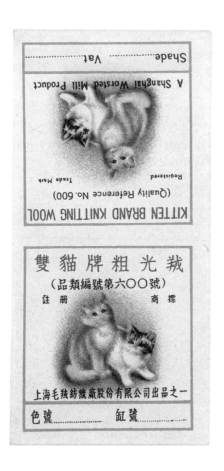

1949-1959

上海毛绒纺织厂使用的"双猫"牌粗光绒线包装封套

1949-1959

中国毛绒纺织厂使用的"皇后"牌毛绒线包装封套

1949-1959

密丰绒线厂使用的"蜂房"牌四股绒线包装封套

1949-1959

密丰绒线厂使用的"杜鹃"
牌绒线包装标贴

1949-1959

上海民治纺织染厂使用的
"和平"牌绒线包装封套

TWO-DOLLAR BRAND
DOUBLE KNITTING WOOL YARN

4PLY

NET WT.
2 OZS

REGISTERED TRADE MARK

A product of
YUE MING WORSTED MILL LTD.
SHANGHAI

1949-1959

上海裕民毛绒线厂使用的
"双洋"牌纯羊毛绒线包装
封套

信泰祥毛纶号使用的"黑猫"牌毛绒线包装标贴

1949-1959

上海恒源祥使用的"飞轮"牌毛绒线包装标贴

1949-1959

上海裕民毛绒线厂使用的"地球"牌毛绒线包装标贴

1949-1959

上海裕民毛绒线厂使用的
"双洋"牌纯毛绒线包装标
贴（不同款式）

1949-1959

上海毛绒纺织厂使用的"双
猫"牌纯毛绒线包装标贴
（不同款式）

1949-1959

上海毛绒纺织厂使用的"小
囡"牌绒线包装标贴（不同
款式）

1949–1959

安乐纺织厂使用的"英雄"
牌纯毛绒线包装标贴

1949–1959

上海毛绒纺织厂使用的"白
雪公主"牌纯毛绒线包装
标贴

1949–1959

恒丰毛绒厂使用的"红福"
牌绒线包装标贴

毛印染布、绸缎包装标贴设计

　　本节主要介绍 20 世纪 60 年代后期至 70 年代的印染布与绸缎的包装设计。这个时期的包装设计反映了时代特征。一是表现工农业建设场景。如"油田"牌表现我国石油工业中的油田开采；"水库"牌再现了当时国家水利建设、农业灌溉。画面反映交通建设的有："长江大桥"（武汉）牌、"海港"牌和"前进"（铁路建设）牌。还有其他画面反映文化建设、改善民众居住环境的内容，如"电视塔"牌、"新邨"牌等。二是以革命遗迹作为包装标贴设计的素材，如反映红军长征时期所经过的"泸定桥"牌、"金沙江"牌等。三是以名胜古迹为主要内容，如北京北海公园的"白塔"牌、"长城"牌等。四是以文娱体育活动为创作内容，如以戏剧剧本为名称的"宝莲灯"牌、乒乓球运动"银球"牌、"跳伞"牌和"登山"牌等。五是表现民众劳动与庆祝丰收的场景，如"爱劳动"牌、"采桑"牌和"庆丰收"牌等。六是继续沿用 20 世纪 30 年代已经使用的包装标贴图样，并在设计上做些微调，如"木兰从军"牌、"跳鲤"牌和"海关钟"牌等。七是这一时期包装标贴企业名称的使用与其他各个时期有很大的不同。如很多包装上不出现厂名等信息，直接标注"中华人民共和国制造"这样的文字。因为这一时期，我国对外贸易政策较其他各个时期有所不同，即国内纺织企业所生产的产品，无法直接出口至外国，而是需要通过"中国纺织品进出口总公司"这样的对外贸易公司来办理。其他少数也是标注"中国纺织品进出口公司""中国丝绸公司""中国上海"等字样。直接标注生产企业名称的情况在 20 世纪 70 年代后期才逐渐多起来。

1969—1979

上海第七印染厂使用的"庆丰图"牌印染布包装标贴

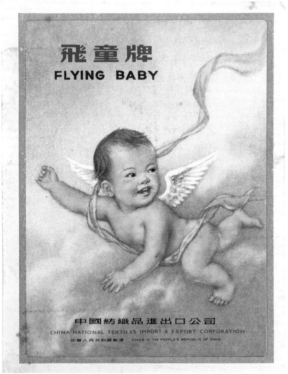

1969—1979

中国纺织品进出口公司使用的"飞童"牌印染布包装标贴

1969–1979

中国纺织品进出口总公司
使用的"梅花"牌印染布包
装标贴

1969–1979

"采桑"牌印染布包装标贴

1969—1979

中国丝绸公司使用的"凤凰"牌丝绸包装标贴

1969—1979

"爱劳动"牌印染布包装标贴

"白塔"牌印染布包装标贴

1969–1979

"宝莲灯"牌印染布包装
标贴

1969-1979

"长城"牌印染布包装标贴

1969-1979

"长江大桥"牌印染布包装标贴

1969-1979

"登山"牌印染布包装标贴

1969-1979

"电视塔"牌印染布包装
标贴

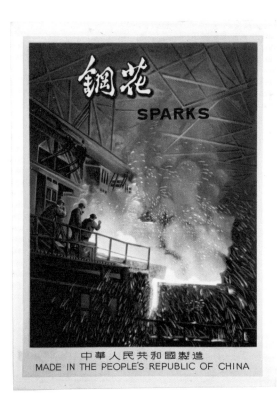

"钢花"牌印染布包装标贴

"海港"牌印染布包装标贴

1969—1979

"海关钟"牌印染布包装
标贴

1969—1979

"金沙江"牌印染布包装
标贴

1969–1979

"泸定桥"牌印染布包装
标贴

1969–1979

"木兰从军"牌印染布包装
标贴

1969–1979

"前进"牌印染布包装标贴

1969–1979

"上海之夜"牌印染布包装
标贴

1969-1979

"水库"牌印染布包装标贴

1969-1979

"跳伞"牌印染布包装标贴

"跳鲤"牌印染布包装标贴

"新邨"牌印染布包装标贴

油田

OIL FIELD

中華人民共和國製造
MADE IN THE PEOPLE'S REPUBLIC OF CHINA

1969—1979

"油田"牌印染布包装标贴

银 球

Silver Ball

中华人民共和国制造
MADE IN THE PEOPLE'S REPUBLIC OF CHINA

1969-1979

"银球"牌印染布包装标贴

1949 —
1979

食品包装设计
FOOD
PACKAGING
DESIGN

饼干食品，早在公元 7 世纪就在波斯出现。由于携带、保存和食用方便，公元 10 世纪饼干便传到欧洲各国。清末，西式饼干大量涌入我国沿海地区，并开始在我国进行集中生产。约 1907 年，我国第一家罐头食品厂——上海泰丰罐头食品公司就开始大批量生产"囍"牌饼干。因饼干食品生产比较专业，需要使用现代化机器设备流水线生产，并且需要专业设备进行烘干处理，所以一般都由专业饼干生产厂生产。早期现代化饼干生产企业大都集中在沿海和一些工业发达的地区。

20 世纪五六十年代，饼干外包装设计主要有两种情况：一是城市食品商店零售的散装饼干一般使用纸袋包装；二是专业食品厂生产的饼干一般用纸盒或铁皮盒包装。本节主要介绍饼干纸盒的外包装纸设计。

1949-1959

光明食品生产合作社使用的"黎明"牌生活饼干包装纸

上海福康饼干公司使用的什
景（锦）饼干包装纸

1949–1959

军管沙利文糖果饼干公司使
用的"沙利文"牌甜梳（苏）
打饼干包装纸

1949–1959

光明食品生产合作社使用的
"红星"牌梳(苏)打饼干
包装纸

1949–1959

上海新业食品厂使用的"囍"
牌红双喜饼干包装纸

1949–1959

公私合营泰康食品厂使用的
体育饼干包装纸

1949–1959

国营上海益民食品四厂使用
的"光明"牌什锦饼干包装纸

我国现代化大机器糖果生产的历史比饼干早。因为糖果生产设备比饼干生产要简单，技术含量不高，场地要求不大。另外，生产糖果的投资要比饼干少，所以糖果厂也比饼干厂多。

据有关食品工业史料记载，我国现代化大机器生产的糖果食品，已有近百年的历史。如 1920 年上海开利糖果食品厂就开始生产五色丝光糖、果汁味硬糖等糖果产品，上海泰丰罐头食品公司生产的"双喜"牌糖果。20 世纪五六十年代，上海地区知名糖果生产企业有爱民糖果厂、大乐糖果厂、冠村糖果厂、冠生园食品厂和天明糖果厂等，这些企业使用的糖果包装纸图样设计美观漂亮，色彩鲜艳夺目。

早期，糖果生产厂商在生产出糖果后，首先使用可食用的乳白色糯米纸进行单颗粒内包装。之后，再用事先印制经过艺术设计的五彩专用食品油蜡纸进行外包装。厂商为了销售和运输方便，有时还会使用包装袋、包装盒和包装玻璃瓶等对糖果颗粒进行整体包装。本节只介绍最常见的糖果油蜡纸包装设计。糖果外包装油蜡纸，也是设计元素内容最为丰富的一个大类。

1949—1959

公私合营上海爱民糖果厂使用的"三喜"牌美术太妃包装纸

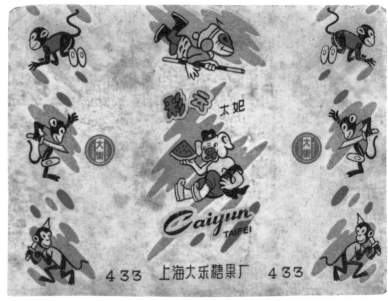

上海长征糖果厂使用的"上海"牌菠萝乳脂糖包装纸

上海大乐糖果厂使用的"大乐"牌彩云太妃包装纸

1959—1969

国营上海大庆糖果厂使用的
"上海"牌蜜橘奶糖包装纸

1949—1959

公私合营上海冠村糖果食品
厂使用的"莲花"牌可可奶
油太妃包装纸

1949-1959

公私合营上海冠生园食品厂
使用的"生字"牌双燕蛋白
糖包装纸

1949-1959

国营上海光明食品厂使用的
"红星"牌雪白奶糖包装纸

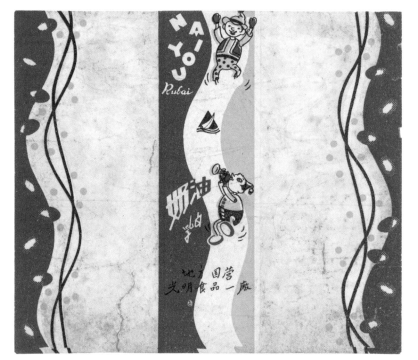

1959-1969

地方国营光明食品一厂使用的"帆船"奶油乳白糖包装纸

1959-1969

国营红星糖果厂使用的"上海"牌桔(橘)子乳白糖包装纸

1959-1969

上海红卫食品厂使用的"上海"牌胡桃蛋白糖包装纸

1959-1969

上海台尔蒙糖果厂使用的"台字"牌菠萝太妃包装纸

1949-1959

公私合营天明糖果厂使用
"天明"牌小白猫糖包装纸

1949-1959

上海信谊糖果厂使用的"
康"牌龙虾糖包装纸

地方国营伟多利食品厂使用
的"伟多利"牌咪咪糖包装纸

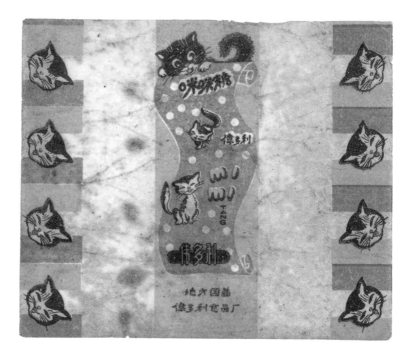

1949-1959

国营上海益民食品一厂使用
的"光明"牌戏曲太妃糖包
装纸

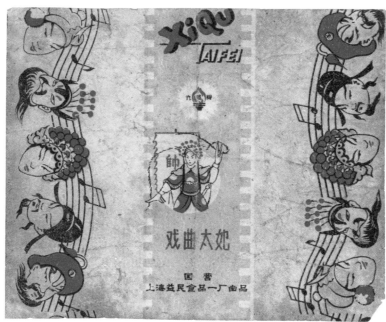

上海正广和汽水公司使用的
"青年"牌美味奶白糖包装纸

公私合营清真天山食品厂使
用的"天山"牌凤蝶奶糖包
装纸

1949-1959

公私合营天星儿童食品厂使
用的"天星"牌小海军果汁糖
包装纸

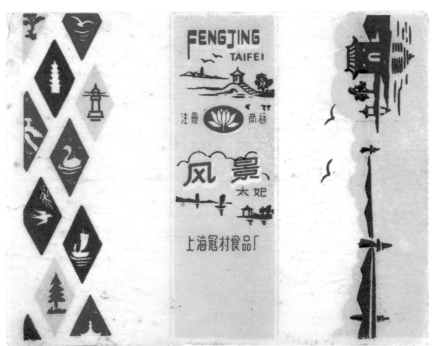

1949-1959

上海冠村食品厂使用的"莲
花"牌风景太妃糖包装纸

1949—1959

天山食品厂使用的"天山"牌桔（橘）香奶糖包装纸

1949—1959

公私合营上海冠生园食品厂使用的"生字"牌乐香太妃包装纸

1949—1959

公私合营天明糖果厂使用的
"天明"牌花果奶糖包装纸

1949—1959

地方国营华山食品厂使用的
水果蛋白糖包装纸

1949—1959

公私合营天明糖果厂使用的
"天明"牌小白猫糖包装纸

1949 — 1969

Packaging Label Design of Bread

面包包装纸设计

面包这类食品，最初也是从国外传入的。早在明朝万历年间（1573—1620年），著名意大利天主教传教士利玛窦在华传教的过程中，首先将面包生产技术传入我国上海、广州等沿海地区。清末，已有人引进外国烘烤设备，在我国沿海大城市直接进行面包的生产和销售。如1855年，英商爱德华·霍尔在上海租界，利用进口面包制作设备，开办第一家面包工场。

早期，西式面包一般使用包装纸、包装袋进行包装。其设计风格模仿西方。如在包装纸上表现外国建筑、穿着西式服装的外国人等，并且大量使用英文字体。20世纪二三十年代，国内各大城市中的西餐厅、面包房一般用乳白色食品用油蜡纸和优质薄型牛皮纸居多。这些面包商常常邀请设计人员绘制一些与该企业或面包有关的精美图样和文字内容，起到了广告宣传的作用。当时，乳白色面包包装纸上的图样以彩色为主，而牛皮包装袋则以单色图样为主。

20世纪五六十年代的面包包装纸设计比较简朴。包装纸上除了采用非常醒目的美术字外，还配套设计了不少产品商标图样和装饰纹样。因为当时的面包多为长方体，所以在设计具体一张完整面包包装纸时，可分为非常明显的主图和前后侧面图样。主图一般是产品名称，让消费者一目了然，并且主图又常常和前后侧面图样连在一起，增加了包装纸的观赏性，也便于营业员拿取方便。商标的位置较为灵活，有些放在前后两侧面，有些放在左右两侧面。面包包装纸设计同时会采用各种几何图形作为装饰，增加画面的美感，如"凤球"牌牛奶甜面包包装纸等。

1949-1959

公私合营央中面包厂使用的
"天鹅"牌白面包包装纸

1959-1969

上海面包厂使用的"光明"
牌甜方面包包装纸

1959-1969

上海面包厂使用的"光明"
牌奶白面包包装纸

1949-1959

上海清真天山食品厂使用的
"天山"牌白面包包装纸

1949–1959

上海清真天山食品厂使用的
"天山"牌水果面包包装纸

1949–1959

金星面包厂使用的"金星"
牌甜方面包包装纸

1949–1959

上海爱民糖果饼干厂使用的
"三喜"牌营养白面包包装纸

1949–1959

公私合营上海泰昌食品厂使
用的"三喜"牌蛋奶面包包
装纸

1959–1969

国营上海益民食品四厂使用
的"光明"牌奶油甜面包包
装纸

糕点包装标贴设计

Packaging Label Design of Pastry

糕点包装一般使用纸、纸板、木材和金属等材料。本节主要选取 20 世纪 50 年代上海的几家食品生产企业所使用的糕点包装标贴。其中有知名度很高的杏花楼月饼包装、天福寿记的"天官"牌中秋月饼包装、生阳泰的"双羊"牌双喜蜜糕包装标贴等。

20 世纪 50 年代的糕点包装，很多采用民间年画设计手法，图像生动、色彩艳丽。而大件牛皮包装纸设计则相对简单，图样色彩单一。包装上的图像一般有人物、花卉、风景等。

1949-1959

公私合营杏花楼使用的糕点
包装标贴（两种款式）

1949-1959

天福寿记字号使用的"天官"
牌中秋月饼包装封套

欢天喜地（字号）使用的"鸳
鸯"牌和合喜糕包装标贴

生阳泰使用的"三羊"牌双
喜蜜糕包装标贴

酱油、酒类包装标贴设计

1949—1969 年的酱油等调味品的包装变化不大，一般使用玻璃瓶包装，也有的使用一些陶罐、瓷罐包装。使用金属器具的包装较少，因为酱油等有一定的腐蚀性，不适合长时间放置在金属器具中。早期存放酱油等调味品的玻璃瓶、陶罐、瓷罐等容器表面外都贴有包装标贴，标贴上印有产品名称、生产企业名称，个别厂商也会将商标、装饰性的图形印在标贴上。由于玻璃瓶和陶罐等容器表面积有限，故商标和装饰性图形一般线条简单、色彩艳丽。

本节所选酱油包装标贴一共有七件。主要分为两个时期：从编排来看，文字从右至左排的包装，一般是在 20 世纪 50 年代文字改革之前印制使用的。从左向右排的则多为 50 年代后期至 60 年代使用。另从标贴上的简体字、繁体字也可以判断出大概的年代。如本节选入的上海冯万通酿造厂使用的"金龙"牌高级酱油包装标贴是 60 年代后使用的，其余则是 50 年代使用的。另外，从标贴图样设计风格看，早期包装标贴设计画面比较精致美观，色彩漂亮。而之后的设计，特别是纸张印制，色彩单一，用纸轻薄。如上海亨利酿造厂使用的"皇冠"牌原汁酱油包装标贴，彩色标贴是 50 年代初期使用的，而大红单色是 50 年代后期使用的。

1949-1959

上海同兴酱园使用的"锦鸡"牌卫生酱油包装标贴

1959-1969

上海冯万通酿造厂使用的
"金龙"牌高级酱油包装标贴

1959-1969

浙绍老万元酱园使用的"金
鸡"牌虾子酱油包装标贴

1949-1959

1949-1959

上海浙绍老万元酱园使用的
"金鸡"牌玫瑰露酒包装标贴

1949-1959

中国专卖事业公司陕西省公
司使用的西凤酒包装标贴

香烟
包装纸设计

香烟包装纸实际上是属于一种香烟的软包装，也称烟标，俗称香烟壳。早期的烟标，只标烟名、包装支数、生产厂家、图案及富有时代特征的用语，有些则更简单。随着香烟品种的发展，它的功能也越来越多，印刷的质量、图案也越来越精美。现代的烟标，一般标明烟的名称、注册商标、生产厂家、焦油量、支数、条码、警句、烟的长度、品型并配以优美的图案和文字说明。1959—1979 年，卷烟盒包装存世量不少，是各种香烟包装实物收藏中最多的一个门类。本节所选的香烟包装纸，以上海生产的为主。

因为整张香烟包装纸同时具有商标属性，所以设计师要遵守商标法规中的有关设计规定，在完成整张香烟包装纸设计后，要向当时的中央政府商标行政主管机关申请登记，并经核准，在对外公告无异议后，最后依法进行注册，并享受国家商标法规的保护。其他同行业经营者不得假冒、仿冒已核准注册的香烟商标图样。已注册的香烟商标，需要重新设计及改变原有图样的，还需向国家商标注册管理机关申请变更登记备案。

竖式香烟外包装纸的设计素材非常丰富。根据所收藏的竖式香烟外包装纸来看，设计素材一般包括政治时事、人物故事、动植物、名胜古迹、交通工具、军事装备、天体宇宙、生活时尚、成语俗语、几何图形等。部分 20 世纪 50 年代使用的香烟品牌，虽包装纸有一些细微的变化，但至今仍在使用。

20 世纪 60 年代之后，我国香烟包装设计呈现出一种明显的发展趋势，就是包装纸上的图形设计从具体的形象转变成较为抽象的图形。如"劳动"牌香烟包装纸和"勇士"牌香烟包装纸等，都表现出这样的变化。

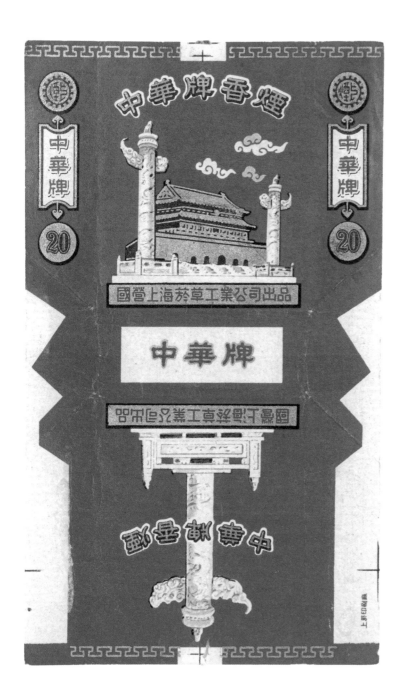

1959-1969

国营上海烟草工业公司使用
的"中华"牌香烟包装纸

国营上海卷烟厂使用的"大联珠"牌香烟包装纸

上海卷烟二厂使用的"凤凰"牌香烟包装纸

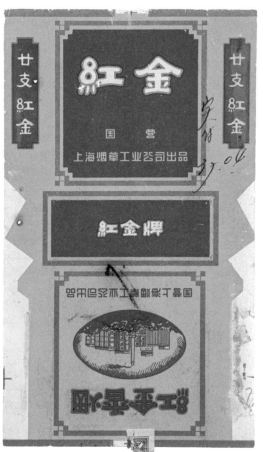

1969—1979

上海卷烟厂使用的"长风"
牌香烟包装纸

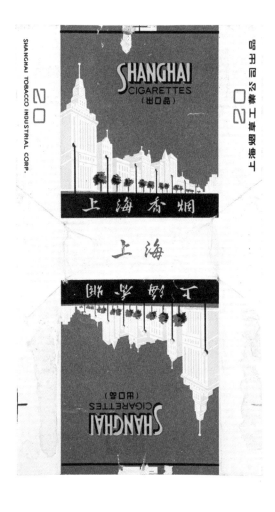

1959-1969

上海烟草工业公司使用的
"上海"牌香烟包装纸

1959-1969

中国烟草工业公司使用的
"美丽"牌香烟包装纸

1959—1969

国营上海烟草工业公司使用
的"牡丹"牌香烟包装纸

1969—1979

上海卷烟厂使用的"牡丹"
牌香烟包装纸

国营上海烟草工业公司使用
的"大前门"牌香烟包装纸

1959-1969

国营上海烟草工业公司使用
的"光荣"牌香烟包装纸

1959-1969

国营上海烟草工业公司使用
的"劳动"牌香烟包装纸

1959-1969

国营上海烟草工业公司使用
的"飞马"牌香烟包装纸

国营上海烟草工业公司使用
的"劳动"牌香烟包装纸(不
同款式)

1959-1969

国营上海烟草工业公司使用
的"勇士"牌香烟包装纸

1969-1979

上海卷烟厂使用的"勇士"
牌香烟包装纸

1969-1979

上海卷烟厂使用的"生产"
牌香烟包装纸

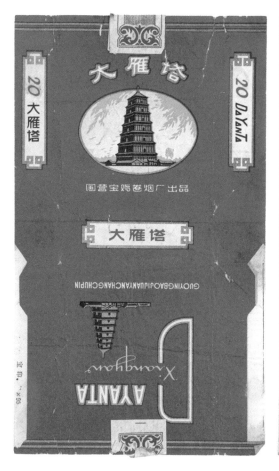

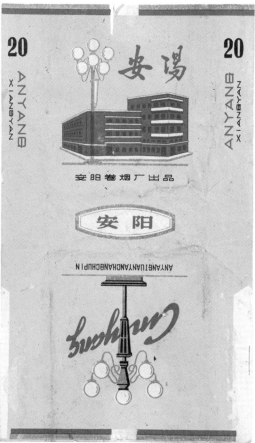

1969–1979

国营宝鸡卷烟厂使用的"大
雁塔"牌香烟包装纸

1969–1979

安阳卷烟厂使用的"安阳"
牌香烟包装纸

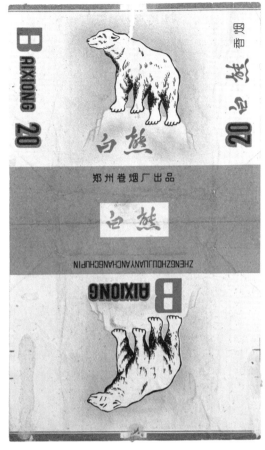

1969-1979

云南玉溪卷烟厂使用的"宝
石"牌香烟包装纸

1969-1979

郑州卷烟厂使用的"白熊"
牌香烟包装纸

116 1949—1979
中国包装设计珍藏档案

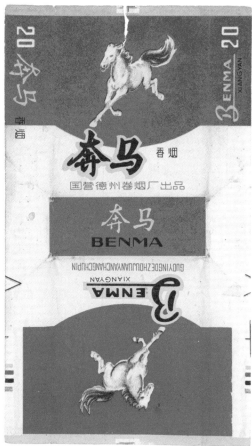

1969-1979

北京卷烟厂使用的"八达岭"
牌香烟包装纸

1969-1979

国营德州卷烟厂使用的"奔
马"牌香烟包装纸

合肥卷烟厂使用的"巢湖"
牌香烟包装纸

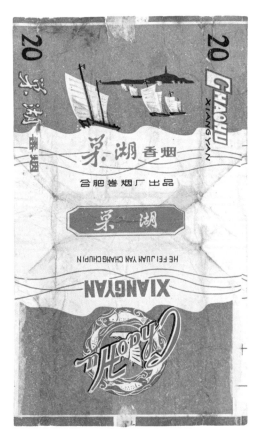

河南省驻马店卷烟厂使用的
"白鹭"牌香烟包装纸

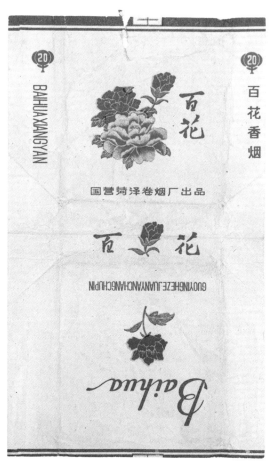

1949 — 1959

罐头食品包装标贴设计

Packaging Label Design of Canned Food

前六节是按照食品行业的类别介绍包装设计的。因罐头食品包装材质特殊，故放在最后一节单独介绍。

早期我国的罐头食品主要是从西方国家进口的。由于罐头食品携带方便，保质期很长，因此给人们的日常生活和工作带来了极大便利。约 1907 年，我国近代著名实业家王拔如先生在上海创办了我国第一家罐头食品厂——上海泰丰罐头食品公司。之后，在我国沿海地区的厦门、宁波和烟台等地，多家罐头食品厂也陆续创建起来。

罐头食品包装一般是在铁盒外贴上纸质的包装标贴。之后，国内印刷技术不断发展，可直接在铁盒上印制。而后，直接印制和贴纸质标贴这两种方式长期并存。随着技术发展，使用直接印制的厂商越来越多，贴纸质标贴在罐头食品行业逐渐减少。20 世纪 50 年代，国内各地尤其是沿海地区厂商使用纸质标贴较多，其图形设计丰富，色彩绚丽。内容一般分为主图和附图。主图上的信息有生产企业名称、产品名称、商标、产品展示、企业地址等信息。附图主要是食用方法介绍，企业发展概况等。如梅林罐头食品厂的"金盾"牌红烧猪肉罐头包装、上海精华罐头公司的"兄弟"牌苹果罐头包装、如生罐头公司"宝鼎"牌红焖牛肉罐头包装等都是如此。

1949-1959

伟大罐头食品厂使用的"元味"牌雪梨罐头包装封套

1949–1959

伟大罐头食品厂使用的
"元味"牌红焖牛肉罐
头包装封套

1949–1959

伟大罐头食品厂使用的
"元味"牌清汁冬笋罐
头包装封套

1949–1959

伟大罐头食品厂使用的
"元味"牌红烧扣肉罐头
包装封套

1949–1959

中国梅林罐头食品公司使
用的"金盾"牌四川榨菜
罐头包装封套

1949-1959

中国梅林罐头食品厂使用的
"金盾"牌红烧猪肉罐头包
装封套

公私合营梅林罐头食品厂使
用的"金盾"牌红烧鸭肉罐
头包装封套

梅林"金盾"牌番茄酱罐头
包装封套

1949-1959

上海精华罐头公司使用的
"兄弟"牌苹果罐头包装封
套

1949-1959

上海精华罐头公司使用的
"兄弟"牌白梨罐头包装封
套

1949-1959

如生罐头食品厂使用的"宝
鼎"老牌红焖牛肉罐头包装
封套

1949-1959

上海味乐罐头食品公司使用
的"金鹰"牌萝卜头罐头包
装封套

药品包装设计
DRUG SANITARY MATERIALS
HEALTH PRODUCTS
PACKAGING
DESIGN

19世纪中后期，外商首先在我国沿海地区开设小型制药厂。20世纪20年代后，我国西药工业的发展，有了长足的进步。1923年黄楚九先生创办九福制药公司，生产"九福"牌西药产品；1924年鲍国昌先生创建的信谊化学制药厂，生产"信谊"牌、"长命"牌西药产品；1926年许冠群先生创立的新亚药厂，生产"星"牌西药等；这些均是那一时期我国西药生产行业中的知名企业与传统名牌西药产品。

20世纪50年代后，我国西药产业又得到了一定的发展，不少西药生产厂陆续开设起来。但是50年代的药品包装留存到现在的并不多。

本节搜集了上海新亚药厂使用的"星"牌药品包装标贴、上海佩成药厂使用的"百兽"牌克痛片包装标贴、上海万代化学制药厂使用的宝乐钙包装封套、保健堂使用的"金龙"牌时令油包装纸袋等。

1949-1959

上海新亚药厂使用的"星"牌仙灵药膏包装标贴

1949-1959

上海新亚药厂使用的"星"牌药品包装标贴

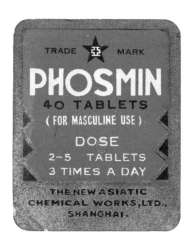

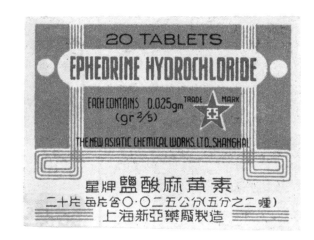

1949-1959

上海新亚药厂使用的"星"
牌药品包装标贴（不同款式）

1949-1959

上海新亚药厂使用的"星"
牌盐酸麻黄素包装标贴

1949-1959

上海大隆西药公司使用的"双
童"牌药品包装标贴

1949-1959

上海新亚药厂使用的"星"
牌药品包装标贴（不同款式）

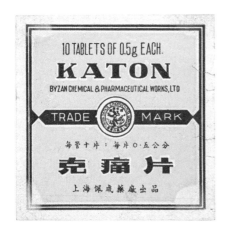

1949–1959

上海佩成药厂使用的"百兽"
牌克痛片包装标贴

1949–1959

上海康生药厂使用的康生钙
包装标贴

1949–1959

上海九福公司使用的"九福"
牌生丹包装纸袋

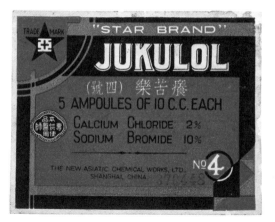

1949-1959

上海新亚药厂使用的"星"
牌痒苦乐包装标贴

1949-1959

上海中英大药房使用的"鹰
铃"牌药品包装标贴

1949-1959

上海中德制药厂使用的"大
力"牌药品包装封套

1949-1959

上海信谊化学制药厂使用的
"长命"牌药品包装标贴

1949-1959

虎标永安堂使用的"虎标"
牌万金油包装纸袋

保健堂使用的"金龙"牌时
令油包装纸袋

1949–1959

上海颐恩氏制药厂使用的"大鹏"牌至善油包装纸袋

1949–1959

上海万代化学制药厂使用的宝乐钙包装封套

1949–1959

中国上海永和实业股份有限公司使用的"永和"牌清凉油包装纸袋

中成药包装标贴、包装封套和包装纸袋设计

在20世纪50年代的中成药市场上，常见的还是纸袋和纸盒等类型的包装为多。小型药房、药号使用的药品包装标贴设计、印刷往往没有知名大药房印得精良。这可能与药店所花费制作的成本和本地区的印刷技术等有很大的关系。

20世纪50年代，很多知名中药店的中成药包装常常是彩色的。从保存下来的一些纸袋设计看，正面一般印有药店名、药品名、注册商标名称和商标图样等信息。有些还印有简短的经营项目、经营特色等广告语。产品商标图样一般占据包装袋正面醒目的位置。纸袋反面通常印有中成药的使用说明、药品功效等，如山西省平遥县泰安药房使用的"安润之"牌银人丹包装纸袋、上海双凤制药局使用的"双凤"牌伤风茶包装纸袋等。

上海双凤制药局使用的"双凤"牌伤风茶包装纸袋

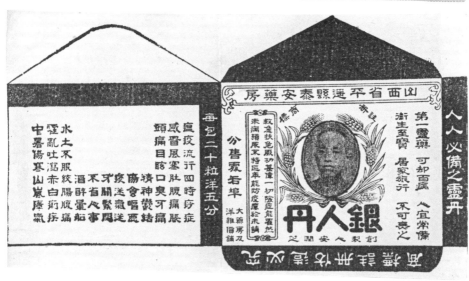

1949—1959

上海耀华施德之药厂使用的"施德之"牌十滴水包装纸袋

山西省平遥县泰安药房使用的"安润之"牌银人丹包装纸袋

针剂药品包装标贴、包装封套设计

针剂药品属于西药这一产品大类。针剂药品比较特殊，它要经过严格、仔细的包装，方能进入流通环节。它是整个药品包装中要求很高的一种特殊产品。

针剂药品包装盒的外观设计主要集中在包装盒盖的标贴和封口纸等上，风格一般简洁、明快，大多以点、线、面元素构成，如上海佩成药厂的几件注射液包装、上海信谊制药厂针剂药品包装等。总的来说，这些包装与 20 世纪 30 年代的针剂药品包装没有大的差别。

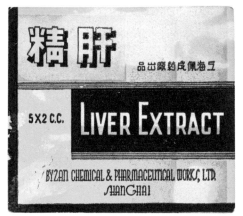

1949–1959

上海佩成药厂使用的肝精包装标贴

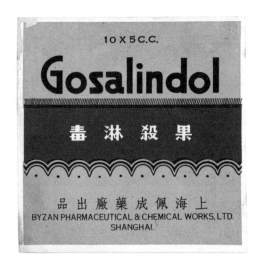

1949–1959

上海佩成药厂使用的果杀淋毒药品包装标贴

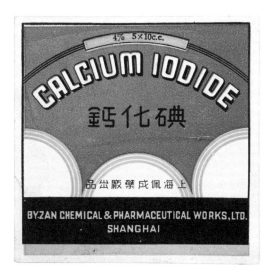

1949-1959

上海佩成药厂使用的碘化钙
包装标贴

1949-1959

上海佩成药厂使用的纯葡萄
糖注射液包装标贴

1949-1959

上海佩成药厂使用的双甲烷
砒酸钠注射液包装标贴

1949-1959

中国医药工业公司公私合营
上海信谊制药厂使用的"信
谊"牌葡萄糖酸钙注射液包
装纸盒

1949 —
1979

化学品包装设计
DAILY CHEMICALS
PACKAGING
DESIGN

包装标贴、包装铁盒设计

个人护理用品

Packaging Label Design of Personal Care Products

本节所介绍的主要是水类、油类、膏类和粉类化妆品的外包装设计。1949 至 1979 年，我国化妆品生产种类与 20 世纪 30 年代基本相似，有香水、花露水、生发油、雪花膏、霜类、香粉和爽身粉等。同时随着国内民众日常生活的日益改善，人们对化妆品的需求量也有所增加，各地专业化妆品生产企业也与日俱增，化妆品生产企业分布也在不断扩大。

本节所选的上海家庭工业社生产的名牌"无敌"牌冷蝶霜、上海中国化学工业社生产的"三星"牌软质雪花精、上海中华协记厂生产的"中华"牌花露水、公私合营大陆化学制品厂生产的"金鱼"牌爽身粉等都非常精美。20 世纪 50 年代，为了节省化妆品包装材料成本，不少化妆品生产企业纷纷将原来使用的爽身粉铁盒装改为硬纸盒包装，外包装画面设计也进行了一定的简化。另有一些包装增加了工人、农民和北京天安门等元素。

1949–1959

上海中华协记厂使用的"中华"牌花露水包装标贴

美美行使用的"美女"老牌
护发香胶包装标贴

双合粉厂使用的"百花"牌
香粉包装标贴

1949-1959

上海恒康（厂）使用的"百花"
牌香粉包装标贴

1949-1959

海龙梦精化工厂使用"海龙"
牌真空花露香水包装标贴

中国化学工业社使用的"三星"牌软质雪花精包装纸盒（前侧面）

上海中国化学工业社使用的"三星"牌软质雪花精包装纸盒（左侧面）

1949-1959

家庭工业社使用的"无敌"
牌蝶霜包装纸盒（前侧面）

1949-1959

家庭工业社使用的"无敌"
牌蝶霜包装纸盒（右侧面）

老中华香品公司使用的"鹰球"牌檀香爽身粉包装铁盒（正面）

1949-1959

老中华香品公司使用的"鹰球"牌檀香爽身粉包装铁盒（前侧面）

老中华香品公司使用的"鹰球"牌檀香爽身粉包装铁盒（后侧面）

1949-1959

公私合营大陆化学制品厂使用的"金鱼"牌爽身粉包装铁盒（正面）

1949-1959

公私合营大陆化学制品厂使
用的"金鱼"牌爽身粉包装
铁盒（前侧面）

1949-1959

上海小东门内景凤春使用的
"鹿"牌美容香粉包装铁盒
（正面）

上海小东门内景凤春使用的
"鹿"牌美容香粉包装铁盒
（反面）

1949—1959

上海永和实业公司使用的"月里嫦娥"牌紫兰香粉包装铁盒（正面）

1949—1959

上海永和实业公司使用的"月里嫦娥"牌紫兰香粉包装铁盒（反面）

1949—1959

上海中国化学工业社使用的"三星"牌胭脂包装纸盒（正面）

1949—1959

上海中国化学工业社使用的"三星"牌胭脂包装纸盒（反面）

1949-1959

上海家庭工业社使用的"无敌"
牌冷蝶霜包装铁盒（正面）

1949-1959

上海家庭工业社股份有限公司
使用的"无敌"牌冷蝶霜包装
铁盒（反面）

1949-1959

富贝康公司使用的"百雀羚"
牌冷霜包装铝盒（正面）

1949-1959

富贝康公司使用的"百雀羚"
牌冷霜包装铝盒（反面）

本节不仅有 20 世纪 50 年代国内知名香皂生产企业——上海五洲固本肥皂厂的"富贵白头"牌、"天鹅"牌香皂外包装纸设计，还有国内著名大型专业香皂生产企业，即具有近百年历史的上海制皂厂的多个品牌的香皂外包装纸设计。香皂包装一般选用鲜花图案；有些则以上海著名景点，外滩万国建筑物配上 20 世纪 70 年代我国自行建造的万吨巨轮，再现当时我国工业建设的新面貌；还有将我国 50 年代工农业所取得的成就做成插图，在包装纸上面一字排开，展现给消费者。

"金鸡"牌香皂，原产于上海中国化学工业社（上海牙膏厂前身），是该厂民国时期生产的主要香皂产品。1958 年，其转入上海制皂厂继续生产。"绿叶"牌香皂，原产于 20 世纪 50 年代，之后曾一度停产，1975 年 12 月又恢复生产。"红梅"牌香皂，原名为"芳华"牌檀香皂，1963 年投入生产，1967 年易名"天明"牌檀香皂，1970 年改为"红梅"牌。

在介绍香皂包装设计的同时，本节顺便对所入选的几款香皂产品做一简介。

1949-1959

公私合营上海五洲固本肥皂厂使用的"天鹅"牌香皂包装纸

1949–1959

五洲固本厂使用的"富贵白
头"牌极品香皂包装标贴

1969–1979

上海制皂厂使用的"白丽"
牌香皂包装纸

1969–1979

上海制皂厂使用的"春蕾"
牌香皂包装纸

1969—1979

上海制皂厂使用的"海鸥"
牌护肤香皂包装纸

1969—1979

上海制皂厂使用的"红梅"
牌檀香皂包装纸

1969—1979

上海制皂厂使用的"火炬"
牌香皂包装纸

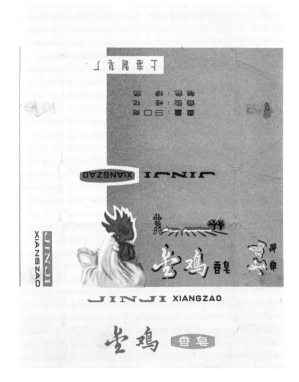

1969—1979

上海制皂厂使用的"金鸡"
牌香皂包装纸

1969-1979

上海制皂厂使用的"绿化"
牌香皂包装纸

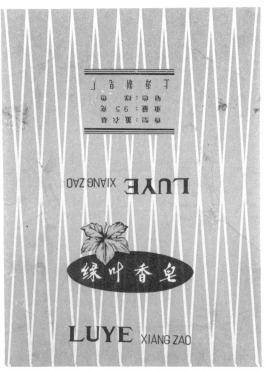

1969-1979

上海制皂厂使用的"绿叶"
牌香皂包装纸

1969-1979

上海制皂厂使用的"蜜蜂"
牌香皂包装纸

1969-1979

上海制皂厂使用的"上海"
牌檀香皂包装纸

上海制皂厂使用的"上海"
牌檀香皂包装纸（不同款式）

香型：玫瑰檀香
皂色：淡黄色
上海制皂厂出品

新华香皂
XIN HUA
XIANGZAO

新华香皂

1969–1979

上海制皂厂使用的"新华"
牌香皂包装纸

牙膏包装纸盒设计

Packaging Label Design of Toothpaste

牙膏的包装几乎都是软管加硬纸盒。20 世纪 50 年代之前，国货牙膏软管采用的是锡质材料，如我国第一代牙膏生产企业——上海中国化学工业社 20 年代生产的"三星"牌牙膏。软管外表面上印有一些简单的装饰性图样。不过本节主要列举的是牙膏包装纸盒设计。

20 世纪 50 年代至 70 年代，牙膏包装纸盒有一些明显的变化。其中最明显的变化是 50 年代前，牙膏包装纸盒基本采用竖式包装，这样设计主要便于消费者使用。50 年代之后，特别是 70 年代，市场上出现了采用横式的牙膏包装纸盒。

除了包装形式不同外，生产企业名称的文字标注也有很大不同。这是因为不同时期，国家对国内企业产品销售有很多具体的规定和要求。如 50 年代之前，国内有些生产企业常常使用全外文的包装设计，这是为了便于出口销售。50 年代后，分管产品商标注册的中央私营企业局商标管理处要求所有生产企业，除了直接出口至国外的产品外，其余在国内销售的产品包装都使用中文。所以 50 年代后，市场上几乎不见采用全外文的包装。在 60 年代至 70 年代，因为我国外贸体制的变化，国内生产企业的直接出口权被国内各大进出口公司掌握，所以 70 年代以后的产品包装上几乎不再有具体的生产企业名称，全部由"中华人民共和国制造"来替代。

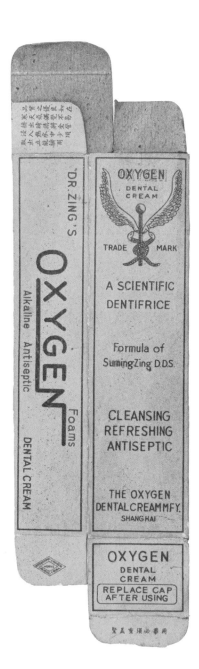

1949–1959

固齿灵牙膏厂使用的"固齿灵"牌牙膏包装纸盒

1949–1959

中国化学工业社使用的"中华"牌牙膏包装纸盒

公私合营中国化学工业社使用的"白玉"牌牙膏包装纸盒

中国化学工业社使用的"玉叶"牌牙膏包装纸盒

上海牙膏厂使用的"上海"牌牙膏包装纸盒

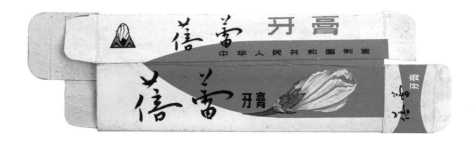

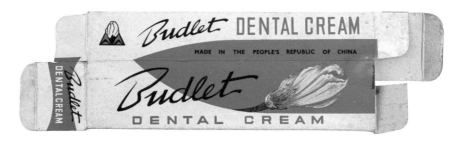

1969–1979

中华人民共和国制造的"美
加净"牌牙膏包装纸盒

中华人民共和国制造的"蓓
蕾"牌牙膏包装纸盒

据《上海轻工业志》记载，20世纪50年代末，上海永星制皂厂率先在国内生产"工农"牌合成洗衣粉。之后，五洲固本肥皂厂也试制成功，并生产出"五洲"牌洗衣粉。60年代初永星制皂厂改名为永星合成洗涤剂厂，开始定点生产洗涤剂。1961年9月，该厂又建成国内第一间洗衣粉生产车间，并开始生产"白猫"牌高泡型优质洗衣粉。1966年，该厂更名为上海合成洗涤剂厂，并且"白猫"牌洗衣粉成为该厂的主导产品。

本节所选的这5件早期洗衣粉包装纸袋，整体设计虽比较粗糙、简单，不够精美，但这就是当时该行业包装的真实模样。有些洗衣粉包装纸袋是单色印刷的。包装纸袋的正面常常选用非常突出、醒目的洗衣粉商标名称字体，如"上海"牌、"人人"牌和"白猫"牌等将美术字与书法字体结合使用。品牌商标设计是整个包装设计的重中之重。有时包装上会增加洗衣场景的插图。包装纸袋的背面一般是洗衣粉使用说明的文字。

1959—1969

上海永星合成洗涤剂厂使用的"上海"牌高级合成洗衣粉包装纸袋

1969-1979

国营上海制皂厂使用的"上
海"牌洗衣粉包装纸袋

1969-1979

国营上海制皂厂使用的"上
海"牌洗衣粉包装纸袋（不
同款式）

1969-1979

国营上海制皂厂使用的"人
人"牌洗衣粉包装纸袋

BAIMAO HEOHENG XIYI FEN

白猫

合成洗衣粉

每包净重四市两

国营上海合成洗涤剂厂出品

1969-1979

国营上海合成洗涤剂厂使用
的"白猫"牌合成洗衣粉包
装纸袋

　　20 世纪二三十年代，市场上销售的颜料、染料等基本上是进口的。早期颜料大多采用长方形铁盒包装，颜料厂商将设计并印制好的精美的纸质包装标贴或包装封套粘贴在铁盒上。由于现代化印刷技术不断提高，之后不少印刷企业已能将包装图样和商标图样等直接印制在铁盒上。

　　20 世纪五六十年代，颜料、染料的包装与早期相比，无论是包装材料、形式还是画面等，均发生了变化。一是因为 50 年代我国各种包装材料紧缺，特别是优质马口铁铁皮短缺，所以将包装铁盒改为 2 至 3 毫米厚的硬板纸包装。这种情况在食品包装行业中也有。二是纸质的标贴面积都缩小了。原外观尺寸一般长为 130 毫米，宽为 90 毫米，如瑞润颜料靛青号使用的"虎头"牌颜料包装标贴，山东华德颜料无限公司使用的"松美"牌煮青颜料包装标贴等，都缩小设计成整个包装标贴画面中的小块图形，如上海裕丰盛染料化工厂使用的"万象"牌颜料包装标贴样式。并且早期包装标贴上丰富的图案设计也变为简约的抽象化符号。三是颜料包装外观的形式变化。五六十年代，就颜料包装而言，除了工业（如纺织印染企业）外，人们日常生活中一般使用于棉织品、毛织品和麻织品等的颜料、染料，不再使用大型包装铁盒，而是改为小型包装纸袋（外观尺寸：一般长为 85 毫米，宽为 60 毫米）。这与早期包装铁盒的外观尺寸相比，几乎缩小了一半。包装纸袋整体设计风格逐渐简约，并且画面内容增加新时期社会变化、工农业生产发展的内容，包装纸袋反面增加了颜料的使用说明，这在早期颜料包装铁盒上是完全没有的。

1949-1959

山东华德颜料无限公司使用
的"松美"牌煮青颜料包装
标贴

1949-1959

上海裕丰盛染料化工厂使用
的"万象"牌颜料包装标贴

1949-1959

中一染料厂使用的"五鹅"
牌颜料包装标贴

1949–1959

中国兴华染料厂使用的"骆驼"牌染料包装纸袋

上海化工站业务部使用的"秋收"牌染料包装纸袋

蚊香包装标贴、包装纸袋设计

20 世纪初，国外率先成功研制新型蚊香产品。如日本产的"野猪"牌、"猴头"牌等蚊香，因其使用方便，灭蚊效果好，在我国沿海地区广泛销售。在 1910 年前后，上海中国化学工业社生产的"三星"牌蚊香等，异军突起，并在我国市场上与洋货蚊香展开了激烈的竞争。50 年代，虽洋货蚊香日趋减少，但各地生产的蚊香还是存在一定的竞争关系。

我国国货蚊香包装主要有包装袋和包装纸盒等形式。当时的蚊香包装纸盒以正方形居多，大小尺寸一般为长 110 毫米，宽 110 毫米左右。若是长方形则一般为长 110—130 毫米，宽 110—120 毫米。包装标贴就是贴在包装纸盒上的标贴，标贴上除了商标图样外，还有企业名称、产品名称和广告语等。为了增加美观度，设计师常常在标贴上增加装饰纹样。另外，如果是纸袋包装，除了正面图样设计外，还涉及包装纸袋的背面和袋盖设计。从"三星"牌蚊香包装纸袋看，袋盖上有蚊香具体使用方法、该企业生产的其他产品的广告。

1949-1959

武昌海光农圃使用的"海光农圃"牌蚊烟香包装标贴

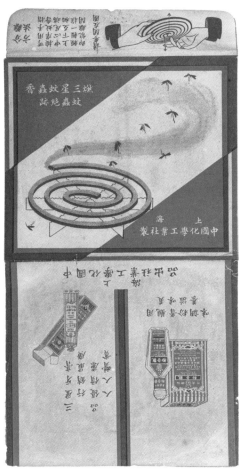

胡永兴蚊香厂使用的"肖像"
牌蚊香包装标贴

上海中国化学工业社股份有
限公司使用的"三星"老牌
杀蚊盘香包装标贴

油墨、油漆包装标贴、包装封套设计

根据有关地方志文献史料介绍，1913 年 8 月，我国第一家专业制造油墨的工厂——中国油墨厂，在上海宣告成立。20 世纪 20 年代后，一批油墨生产企业陆续创办。50 年代，随着国内各地民众学习文化知识的热情日益高涨，人们对油墨的需求在不断增加。

20 世纪 50 年代的油墨包装与早期的基本相似，但也有一些细小的变化。如二三十年代，油墨一般都采用圆铁罐或长方形铁盒包装。50 年代因提倡节俭和包装材料的紧缺等，各行业厂商纷纷将原先使用的铁质包装改为纸质包装。油墨行业也不例外，将早期的铁盒改为 2 至 3 毫米的硬纸盒。另外，油墨硬纸盒的包装设计也发生了一点变化。如 50 年代之前的铁盒包装，盒盖上是压制文字或商标图形的钢印，铁盒四周侧面则有图样设计。50 年代改用硬纸盒包装后，不但四周侧面有包装设计，纸质盒盖上也增加了图样设计。如上海新中国油墨厂使用的"金钟"牌誊写油墨包装标贴，就是直接用于圆形硬纸盒盒盖处，其他的长条状的标贴用于包装盒的侧面。

国内第一家油漆生产企业——上海开林颜料油漆厂，诞生于 1915 年。第二年，我国著名的振华油漆厂也宣告成立。油漆桶与消费者视觉的第一接触面的设计尤为重要，并且在 20 世纪 50 年代前后发生了较大变化。如上海永光油漆公司（厂）的包装标贴在 50 年代前比较简朴，基本上就是文字加"猴"牌商标图样。50 年代后期至 60 年代初，该厂生产的"红星"牌包装标贴发生了比较大的变化，设计人员将 50 年代我国工农业发展与海陆空交通运输建设的场景放在了包装上，中间的麦穗、齿轮与五角星充满了浓厚的时代特征。

1949-1959

上海新中国油墨厂使用的
"金钟"牌油墨包装标贴

1959-1969

上海三兴油墨制造厂使用的
"虎头"牌五彩油墨包装标贴

1959-1969

上海新中国油墨厂使用的"金
钟"牌誊写油墨包装标贴

1949–1959

上海恒丰鹭记油墨厂使用的
"蟠龙"牌油墨包装标贴

1959–1969

上海大德五彩油墨厂使用的
"兵船"牌油墨包装标贴

1959–1969

大德五彩油墨厂使用的"兵
船"牌誊写墨包装标贴

1949–1959

引达油墨制造厂使用的"箭
球"牌五彩油墨包装标贴

1959—1969

上海利丰五彩油墨厂使用的
"铁锚"牌油墨包装封套

1949—1959

上海永光油漆有限公司使用
的"猴"牌快燥黑凡立水（清
漆）包装标贴

1959—1969

地方国营上海永光油漆厂使
用的"红星"牌油漆包装标贴

蜡烛、洋烛、洋烛灯包装标贴设计

现代的蜡烛产品是在清末时期由国外输入我国的。这从蜡烛在民间俗称——洋烛，便可略知一二。当时在民众日常生活中，经常购买的主要有"五洋"，除洋烛外，还有洋火、洋布、洋油、洋烟。1910年后，由于蜡烛生产的技术含量不高，不需花费巨额资金投入，且又能获得非常可观的经济效益，这样促使一批民族工商业者纷纷投资蜡烛生产。当时知名的蜡烛品牌有南阳皂烛厂生产的"凤凰"牌、永记洋烛厂生产的"轮船"牌等。

20世纪20年代，社会上一度出现过采用硬纸盒包装蜡烛的现象，一盒蜡烛的数量为一打（即12支装一盒）。但50年代后，为了节省包装材料，厂商已很少采用硬纸盒包装，一般都改为采用半打包装，即以6支作为一个独立的单元进行包裹。

20世纪50年代初的蜡烛包装设计有固定的模式。一是几乎所有蜡烛均采用竖式包装。二是在设计竖式包装时，最上面是装饰性的半圆图形，中间占五分之三的位置是商标，最下面则是文字，即蜡烛的具体使用说明和简短的广告语。

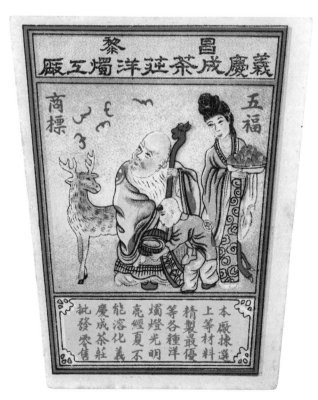

1949-1959

昌黎义庆成茶庄洋烛工厂使用的"五福"牌洋烛灯包装标贴

1949-1959

亨利皂烛碱厂使用的"狗"
牌蜡烛包装标贴

1949-1959

大连阜丰公司使用的"凤凰"
牌上等洋烛包装标贴

1949-1959

恒兴洋烛公司使用的"宝鼎"
牌洋烛包装标贴

1949-1959

顺成厂使用的"珠帽"牌洋
烛包装标贴

诞生于 20 世纪 20 年代后期的上海大中华橡胶厂所生产的"双钱"牌胶鞋，30 年代生产的"双钱"牌橡胶轮胎，都是我国橡胶制品行业中几十年的传统名牌产品。"双钱"牌橡胶轮胎更是一直生产至今，且长盛不衰。

橡胶制品的包装设计，一般分为两个大类：一是民用小件橡胶制品，包括橡胶跑鞋、橡胶玩具、橡胶热水袋和其他日用橡胶制品等的包装设计。二是工业大件橡胶制品，如汽车轮胎、人力车轮胎等的包装设计。本节主要介绍 3 件民用小件橡胶制品的包装设计和"双钱"牌橡胶轮胎的包装设计。

1949—1959

上海大中华橡胶厂使用的"双钱"牌汽车内胎包装标贴

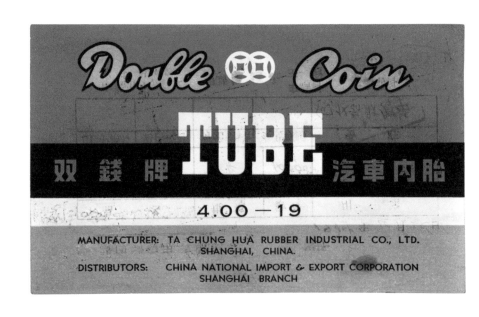

1949-1959

大东橡胶厂使用的"太阳"
牌橡胶制品包装袋

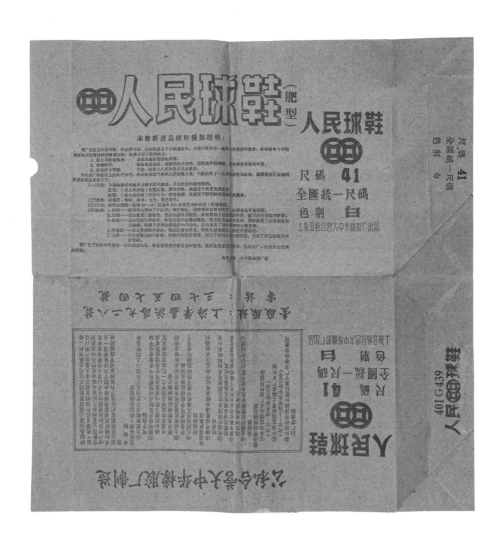

1949-1959

公私合营大中华橡胶厂使用
的"双钱"牌人民球鞋包装袋

1949 —
1959

电器产品包装设计
ELECTRONICS
PACKAGING
DESIGN

电池包装封套与包装标贴设计

我国电池最早在上海生产。20 世纪 30 年代后，沿海各地如广州、天津等城市的电池工业生产也有所发展。50 年代后，不仅上海、广州等地的电池工业不断发展壮大，内地的武汉等城市的电池产品的生产也快速提高。

武汉电池厂的"保用"牌电池包装封套设计新颖、别致，一改常见的人物、花卉和动物等元素装饰，大胆采用几何图形设计包装。白色、蓝色色块相间的底色上的红色盾牌图形都显得格外醒目。

社会上现留存的主要是电池的包装封套，而电池包装标贴相对电池包装封套来说比较少见。

1949—1959

上海华明电池厂使用的"金鼠"牌电池包装标贴

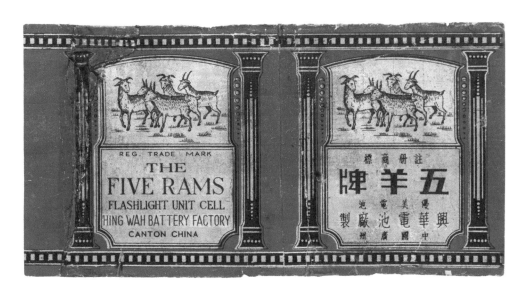

1949–1959

中国广州兴华电池厂使用的
"五羊"牌电池包装封套

1949–1959

中国广东兴华电池厂使用的
"光复"牌电池包装封套

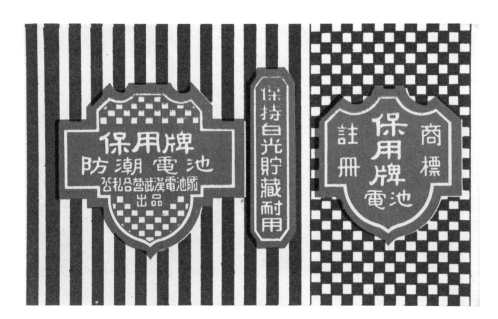

1949-1959

公私合营武汉电池厂使用的
"保用"牌防潮电池包装封套

1949-1959

金猫电池厂使用的"金猫"
牌干电池包装封套

电灯泡包装包装标贴、包装纸和包装纸盒设计

我国现代著名实业家、电光源专家胡西园先生创办了我国第一家专业灯泡厂——中国亚浦耳电器厂。其生产的"亚浦耳"牌（今"亚"牌）灯泡，是我国早期灯泡市场上的名牌产品。之后，华德工厂使用的"华德"牌电灯泡，也具有很高的知名度。

20 世纪 50 年代的电灯泡包装设计主要分成灯泡包装纸设计、灯泡包装标贴设计和灯泡包装纸盒设计。50 年代电灯泡外包装使用最多的是包装纸包装。色彩一般为单色，如黑色、红色等。纸张常常选用土黄色薄型牛皮纸或直纹纸。包装纸表面一般印有引人注目的商标、电灯泡图形和文字。

电灯泡包装标贴比包装纸设计来得漂亮、美观。除传递信息外，还兼有广告的作用。如上海茂昌电泡厂的"茂昌"牌灯泡包装标贴不仅有各种必要信息，如企业名称、产品名称、商标，还有该厂生产的其他产品和特点，如"用电省，发光亮，寿命长，价钱嘝"（注：口字偏旁加"强"字，为方言，即"便宜"之意）。

20 世纪 50 年代的灯泡包装纸盒外观设计与 30 年代灯泡包装纸盒相比较，无论是材料还是形式都发生了很大变化，特别是包装上的图形设计变化巨大。30 年代的灯泡包装纸盒上下、前后与左右都印有彩色图形，而 50 年代的包装纸盒只是在前侧面粘贴了一张包装标贴，与其说是包装纸盒设计，还不如说是包装标贴设计，如清德电器行的"爱字"牌灯泡包装纸盒。

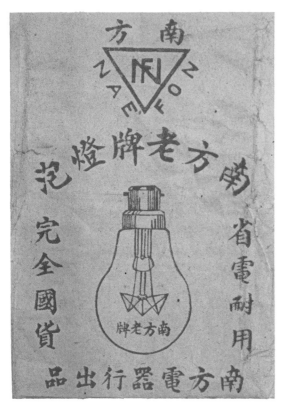

1949-1959

南方电器行使用的"南方"
老牌灯泡包装纸

1949-1959

天发协灯泡厂使用的"德士
令"老牌灯泡包装纸

1949–1959

华德工厂使用的"华德"老
牌灯泡包装纸

1949–1959

上海茂昌电泡厂使用的"茂
昌"牌灯泡包装标贴

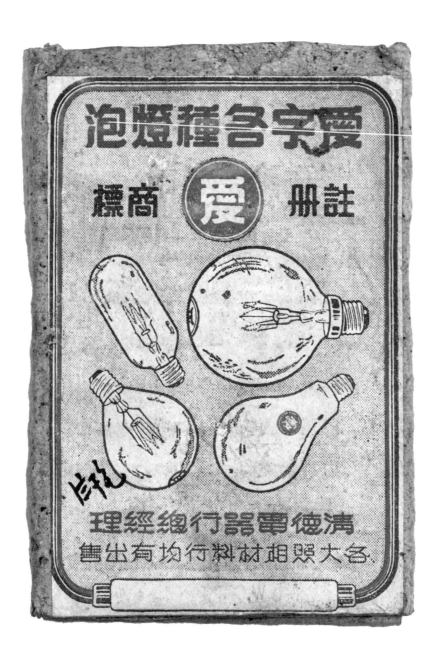

1949–1959

清德电器行使用的"爱"牌
灯泡包装纸盒

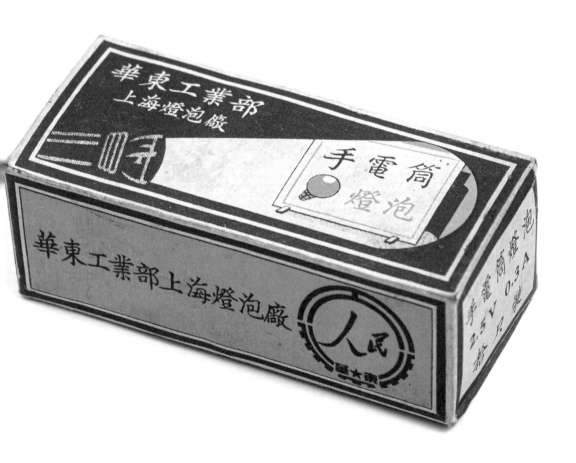

电珠
包装纸盒设计

Packaging Label Design of Electric Bead

20世纪50年代与40年代初的小电珠包装相比，虽有很多相似之处，但也有不少新的内容。本节所选的上海国光电珠厂的"51"牌电珠包装纸盒就有了不少新的含义。一、将节日日期作为品牌名称来使用，这是一种全新的尝试。二、"51"牌商标的时代特征非常明显。设计师通过倾斜状的闪电符号将"5""1"两个数字自然分开，这一闪电符号也与电珠本身的产品性质，即电器产品完全吻合。能保存至今的20世纪50年代的小电珠包装纸盒非常稀有，所以此处只能列举两种包装。

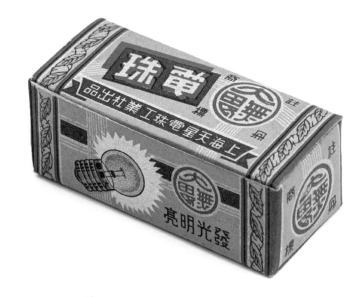

1949-1959

上海天星电珠工业社使用的"大无畏"牌电珠包装纸盒

上海国光电珠厂使用的"51"牌电珠包装纸盒

电器器具包装标贴、包装纸盒设计

20 世纪 50 年代初的小型电器产品（如电炉、电熨斗等）的包装能保留至今，非常罕见。

上海斌业电器用具制造厂的"WO"牌电炉的包装标贴设计十分简洁、朴实。这张包装标贴的亮点不是设计师常常关注的商标，而是包装标贴中间位置的广告宣传。设计师在右下方位描绘了一只漂亮的右手正在翻书。书中用一个非常醒目的红色"电"字，并以 7 根红色闪电，很巧妙地将该厂当时主要生产的 7 种电器产品，如电炉、电壶和电饭锅等，完全展示在消费者的眼前。这种设计在包装标贴中的广告宣传手法非常新颖、独特。

20 世纪 20 年代前，国民使用的电熨斗均为洋牌洋货。据轻工业史料介绍，1926 年，我国民族工商业者范国安先生在上海开办复顺电器厂，并研制生产出第一批国产电熨斗，品牌名为"复顺"。50 年代，国内电熨斗生产，继续扩大规模，并涌现出一批专业电熨斗生产企业。

从制作工艺来看，这件"宝通"牌电熨斗包装硬纸盒应该为 20 世纪 50 年代初期所设计使用的，至今已有 70 年时间。这件包装纸盒外观简洁大方。深蓝色的画面右上方有一个非常引人注目的红色圆形图形，是"宝通"牌商标。商标是扇形的电熨斗端面，正在熨烫由两个梯形组成的一块布料。此盒盖设计也比较简单，主要由"宝通"企业与商标名称的英文"PAOTUNG"构成。

1949–1959

上海斌业电器用具制造厂使
用的"WO"牌电炉等包装
标贴

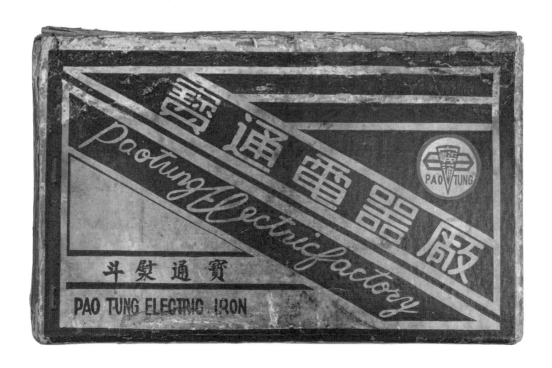

1949 —
1979

机械、五金包装设计
MECHANICAL HARDWARE
PACKAGING
DESIGN

缝纫机（附件）包装纸盒设计

本节主要介绍的是 20 世纪 50 年代至 70 年代的缝纫机（附件或零件）包装盒的设计。40 年代的缝纫机（附件或零件）包装盒保存下来的较少。保存下来的缝纫机包装盒主要集中在上海，其他地区如天津、青岛等非常少见。50 年代的缝纫机包装纸盒均用单彩印刷，主要用红、紫红、墨绿和深黑色等常见的颜色。纸盒的图样设计主要集中在盒盖处，四周侧面则少有装饰性图形设计和说明文字。目前，人们只发现一件协昌缝纫机器制造厂使用的包装纸盒，其两个侧面有中英文生产企业名称。盒盖之处的印刷工艺以凹凸、烫银为主。因为存放的是铁质金属物件，所以包装盒都由 2 至 3 毫米厚的硬纸板制作。

20 世纪 60 年代的缝纫机（附件或零件）包装盒与 50 年代相比较，外观设计发生了很大变化，其主要变化表现在如下几个方面。一是包装盒的材料已不完全是硬纸板，60 年代中期随着我国经济的发展，钢铁等包装材料也开始慢慢地恢复使用。缝纫机（附件或零件）包装盒也开始使用钢铁材料。二是包装纸盒的印刷工艺发生了巨大变化，完全摈弃了在纸盒盒盖处凹凸、烫银等工艺。三是完全取消了单色印刷的样式，纸盒四周都进行了设计，如上海第一缝纫机器制造厂使用的两款（横式、竖式各一款），让人感到比 50 年代的包装美观。

1949-1959

协昌缝纫机器制造厂使用的"无敌"牌缝纫机包装纸盒

1949-1959

大中缝纫机器工场使用的
"大中"牌缝纫两用机包装
纸盒

1949-1959

润昌缝纫机器厂使用的"金
鸡"牌缝纫机包装纸盒

1959–1969

中国上海惠工缝纫机制造厂使用的"标准"牌缝纫机包装纸盒

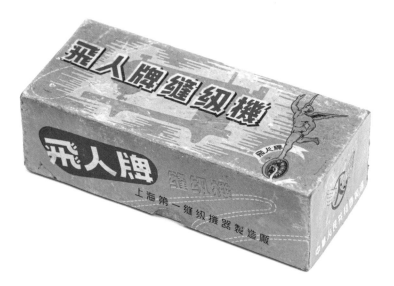

1959–1969

上海第一缝纫机器制造厂使用的"飞人"牌缝纫机包装纸盒

1959–1969

上海第一缝纫机器制造厂使用的"飞人"牌缝纫机包装纸盒（不同款式）

上海第一缝纫机厂使用的
"上海"牌缝纫机附件包装
纸盒

上海东风缝纫机厂使用的
"蜜蜂"牌缝纫机附件包装
纸盒

中国上海缝纫机工业公司使
用的"蝴蝶"牌缝纫机附件
包装纸盒

钟、表和金属床垫包装纸盒、包装标贴设计

自 20 世纪 50 年代后期，由上海、天津两地率先研制成功国产手表后，不久便开始批量生产。虽早期国货手表偶尔还能见到，但 50 年代末 60 年代初，全新手表的包装纸盒极少见。这只"上海"牌手表包装纸盒采用 2 毫米硬纸板制作而成。盒盖上的图形设计完全凸显了上海的地域特色，设计师选用闻名于世的上海标志性景观——上海外滩高楼大厦作为素材进行创作。盒盖右侧椭圆形黑色块上印有红色商标，非常醒目。

上海造钟厂的"福星"牌时钟包装标贴主要粘贴在时钟后面的木门上，或直接粘贴在时钟包装纸盒前侧面。这种 20 世纪 60 年代初的时钟包装纸盒已很难一见，但粘贴在时钟木门的包装标贴，还能偶尔遇见。"福星"牌时钟从包装标贴原件实物看，设计方面主要包含产品商标图样的设计，标贴的核心内容还是商标。乳白色的美术字"福"外面加一个红色五角星组成"福星"牌商标。整体设计非常简洁，但又不失表达商标的完整含义。

"光亚"牌金属床垫包装标贴属于 1949 年年末至 20 世纪 50 年代初上海光亚金属制品厂的。此包装标贴上方主要是厂名、商标和厂房建筑插画，其亮点是商标"光亚"的设计。设计师通过一个"亚"字与四周光芒四射的短线条，完全表达了"光亚"牌商标的完整含义。标贴下方是产品的文字广告。

1949-1959

上海造钟厂使用的"福星"牌时钟包装标贴

1949-1959

光亚金属制品厂使用的"光亚"牌机制弹簧床垫包装标贴

铝制（钢精）器皿包装标贴设计

对"钢精"一词，现在青年一代较为陌生。查阅1993年7月修订的第3版《现代汉语词典》等语言工具书，其对"钢精"一词的注释为："指制造日用器皿的铝。"20世纪50年代前后的一段时间，民间将铝质材料俗称为"钢精"。如钢精锅，即铝锅。

我国早期的民用铝制品是从西方工业发达国家（如德国和美国等）输入我国的。20世纪20年代，上海益泰信记机器厂率先在国内生产"信记"牌日用铝锅、铝质食篮等铝制器皿。50年代初，该厂还为部队生产了大量的铝质军用水壶，支援抗美援朝前线。

五六十年代所使用的铝制（钢精）器皿包装标贴主要是生产企业在新品出厂时直接粘贴于包装纸盒外的。也有部分企业将这种包装标贴直接粘贴于铝制（钢精）器皿的前侧面。

五六十年代的铝制（钢精）器皿包装标贴设计，一般比较简练，常常以几何图形为主，很少采用人物、花卉的图形。总之，从变化趋势看，设计都有一种由繁趋简逐步变化的过程。

1949—1959

勤昌钢精厂使用的"三角"牌包装标贴

1949-1959

艺光钢精厂使用的"链工"
牌钢精制品包装标贴

1949-1959

圣业祥钢精制造厂使用的
"顺风"牌纯铝精良器皿包
装标贴

1959-1969

上海圣业祥钢精厂使用的
"顺风"牌包装标贴

别针、缝衣针包装标贴、包装纸盒和包装纸袋设计

本节所选的别针和缝衣针包装物的时间基本在20世纪50年代，这些包装虽不算十分精美，但也有可圈可点之处。如上海联兴工业厂使用的"联星"牌圆头别针的包装标贴，设计主题突出，标志性很强。在最醒目的中间位置，黑圆底上白色美术字"联"，与一个红色大五角星构成完整的"联星"牌商标图样。五角星外又有一圈小五角星连成的红黑色装饰性花边。而且"联星"这个商标名与"联兴"企业名又是谐音，这样巧妙的组合设计对广告宣传起到了一定的推动作用。另外，上海茂康（厂）的"顺风"牌圆头别针包装标贴、永兴金属制品厂的"菊花"牌圆头别针包装纸盒、自力制针厂的"龙虎"牌缝衣针包装袋纸多少都有这样的设计意图。

1949-1959

永兴金属制品厂使用的"菊花"牌圆头别针包装纸盒

上海联兴工业厂使用的"联星"牌圆头别针包装纸盒

1949-1959

上海茂康(厂)使用的"顺风"
牌圆头别针包装标贴

廠　址：上海虹橋路二二〇三號

電　話：二九五九八號傳呼

1959-1969

上海自力制针厂使用的"龙
虎"牌缝衣针包装纸袋

由于五金产品种类繁多，本节仅选择几件不同类型的产品来讨论此类产品的包装设计。这组五金产品中，以早期张小泉近记剪号的"海云浴日"牌剪刀知名度最高。

生产企业在定制与产品的包装纸盒时，数量一般不会少，按照惯例来说，少则几百个，多则数万个，生产企业短则几个月用完纸盒，长则一两年甚至几年。不同阶段的包装纸盒会有细微变化。如 20 世纪 50 年代设计的"海云浴日"牌剪刀包装纸盒与 40 年代初设计的有所不同：40 年代是彩印，且包装纸盒下方印有大段广告语；50 年代改为单色印刷，无广告语，但企业、商标名、企业联系方式等基本信息还是一样的。

20 世纪 60 年代的上海美生工业社的"双喜"牌发夹包装为纸板设计，这在日常产品的包装中是比较少见的。三四十年代的纽扣等产品包装也会有这样的包装形式。

1949-1959

杭州大井巷中市张小泉近记剪号使用的"海云浴日"牌剪刀包装纸盒

1949-1959

上海同益厂使用的"工农"
牌挂锁包装标贴

1959-1969

利民五金制造厂使用的"绞
盘"牌木螺丝包装标贴

1959-1969

上海美生工业社使用的"双
喜"牌发夹包装纸板

文具产品包装设计
STATIONERY
PACKAGING
DESIGN

1949 — 1979

Packaging Label Design of Wax Paper Can

蜡纸包装纸罐设计

20 世纪 50 年代至 70 年代初，国内的蜡纸一般选用圆柱形纸罐进行包装。50 年代之前，我国蜡纸的生产主要分布在上海与浙江杭州、温州等地区。当时市场上的知名蜡纸商标（品牌）有上海地区的大明实业厂使用的"警钟"牌、大明蜡纸厂使用的"宝塔"牌、利文工艺社使用的"狮"牌、公盛文具厂使用的"星"牌等。浙江地区有杭州勤业蜡纸厂使用的"风筝"牌、温州蜡纸厂使用的"灯塔"牌、温州中国蜡纸厂使用的"三角"牌等。生产地区扩大至浙江衢县（今衢州市）和临近的江西上饶地区等，如衢县蜡纸厂生产的"工农"牌蜡纸，上饶蜡纸厂生产的"中华"牌蜡纸等。

通过对 20 世纪 50 年代蜡纸外包装的观察，我们发现其外观整体包装设计有一定的规律性可循。如设计师一般将商标放在包装纸罐的最上方。产品名称的字体设计也非常讲究。如 50 年代后期，大明蜡纸厂使用的"警钟"牌蜡纸包装纸罐，中间的"誊写蜡纸"立体感很强，非常醒目。包装纸罐圆形罐盖上均印有商标、产品名称和企业名称等。

1969—1979

地方国营温州蜡纸厂使用的
"灯塔"牌铁笔蜡纸包装纸罐

1959–1969

地方国营新华造纸厂使用的
"新华"牌高等蜡纸包装纸罐

1949–1959

勤业蜡纸厂使用的"风筝"
牌铁笔蜡纸包装纸罐

1949–1959

大明蜡纸厂使用的"警钟"
牌誊写蜡纸包装纸罐

1949—1979 217
ARCHIVES OF CHINESE PACKAGING DESIGN

Packaging Label Design of Pen

金笔、钢笔外包装纸、
包装纸盒设计

20 世纪 50 年代之前，我国所有金笔（早期称自来水笔）生产企业，全部集中在上海。20 世纪三四十年代，业内人士一致公认的四大著名生产企业分别是金星金笔厂、上海华孚金笔厂、关勒铭自来水笔公司和国益金笔厂。1951 年 5 月，金星金笔厂积极响应国家和政府号召，北上支援华北地区，前往北京八大胡同，创建金星金笔厂北京分厂。

20 世纪 50 年代，在新品出厂时，生产企业大多选用纸盒进行包装，再在纸盒外用薄型土黄色牛皮纸包裹，也有个别企业选用制作非常考究的铁盒进行包装。常见的是单支金笔包装，也有将一打（12 支）金笔放在一个纸盒内进行集中包装。包装纸盒的设计主要集中盒盖部位。"金文"牌金笔的包装纸盒的画面内容主要集中在盒盖部位。左下方是"金文"的商标。旁边是插画，描绘厂房的大烟囱正在冒着浓烟。上方是四个楷体大字"金文金笔"。"五龙"牌钢笔纸盒包装将五条龙作为底纹，呼应了品牌名称。

我国铅笔生产最早起步于 20 世纪 30 年代初的香港。当时，这家位于香港的大华铅笔厂，只是一家来料加工的生产企业。真正完全由国人自己生产铅笔原料，自己生产铅笔的全能铅笔厂是诞生于 1935 年 10 月的上海中国标准国货铅笔厂。该厂生产的"鼎"牌铅笔品质精良，不久便成为我国铅笔行业中的名牌产品。之后，上海铅笔厂生产的"三星"牌铅笔也快速发展，同样成为我国铅笔生产领域数一数二的知名品牌。

20 世纪 50 年代的铅笔包装主要分为两种：一种是简易包装，也称封套包装。这种包装的铅笔一般供学生们使用。另外一种就是中高档绘图铅笔等的包装，主要采用硬纸盒包装。本节主要搜集了中高档硬纸盒的包装设计。硬纸盒包装可分为横式与竖式两种款式。竖式硬纸盒分为翻盖式与抽拉式等。

1949-1959

公私合营中国标准铅笔厂使
用的"鼎"牌铅笔包装纸盒

1949-1959

公私合营中国铅笔二厂使用
的"三星"牌六色彩色铅笔
包装纸盒

1949-1959

公私合营中国铅笔一厂使用
的"中华"牌高级绘图铅笔
包装纸盒

1949 — 1969

Packaging Label Design of Art Pigments Box

包装纸设计 美术颜料纸盒

1919 年 5 月，我国第一家专门生产美术颜料的生产企业——上海马利工艺厂诞生，至今已有 100 余年。马利工艺厂生产的"马头"牌水彩画等美术颜料，至今还在生产。第一家专门油画颜料生产企业是上海金城工艺社，其生产的"鹰"牌美术颜料，至今也有近 90 年的历史。

早期颜料纸盒包装一般有两种设计形式。一种是将纸盒的 5 个面作为一个整体设计，如上海金城工艺社使用的"鹰"牌水彩画颜料纸盒包装纸。另一种是 5 个面分别设计，如天津信达文具工业社使用的"飞鹏"牌水彩颜料纸盒包装纸。

1959–1969

天津信达文具工业社使用的"飞鹏"牌水彩颜料纸盒包装纸

1949–1959

上海金城工艺社使用的"鹰"牌水彩画颜料纸盒包装纸

Packaging Label Design of Paper Clips and Pin

回形针、大头针纸盒包装纸、包装纸盒设计

人们经常使用的回形针、大头针、订书钉和图画钉等产品，虽也可归类于前面所谈到的小五金一类中，但从这些产品的实际用途来看，放在文化用品行业中的文具产品内，似乎更为合适。

"四方"牌回形针包装纸盒上的文字部分选用英文。其商标设计，设计师选用当时常常使用的嘉禾图案与四个菱形图形组成一个完整的"四方"牌商标图样。嘉禾有一定的吉祥含义，含有天下太平、民众富裕、风调雨顺、国泰民安等多种美好的寓意。

1949-1959

上海四方文具厂使用的"四方"牌回形针包装纸盒

1959-1969

中国上海信昌文具厂使用的"菊花"牌大头针包装纸

上海、天津等地生产印台较早。如 20 世纪 40 年代，上海民生工厂不仅生产钢笔用的墨水，还生产社会知名度很高的"民生一指"牌民生印台等相关产品。

印台盒盖的设计风格与药品装饰有点类似，以块状、条状的设计风格为主，比较硬朗，如"民生一指"牌民生印台、"中华"牌中华印台等。同一厂家不同时期生产的同一品牌印台包装设计也有所不同，主要变化是由繁至简。

1949-1959

中华文具制造厂使用的"中华"牌中华印台包装铁盒

上海华中工厂使用的"三帆"牌印台包装铁盒

上海民生工厂使用的"民生一指"牌民生印台包装铁盒

墨水、墨汁包装标贴设计

墨水，是钢笔的配套产品。墨水的包装设计主要包含墨水瓶造型设计、墨水瓶包装标贴设计和墨水瓶包装纸盒设计等内容。本节只介绍墨水瓶包装的标贴设计。此类标贴设计，与早期香水瓶标贴设计有点相似。其中最大的一个特点就是，包装标贴外观图形不是人们常见的正方形、长方形和圆形等样式，而是设计人员根据玻璃瓶的造型来设计标贴。

20 世纪 50 年代，墨汁玻璃瓶的包装标贴外观设计与墨水瓶标贴设计有所不同，外观常常使用长方形等常见图形，画面设计比较简洁。

1949-1959

上海大众笔厂使用的"大众"牌标准墨汁包装标贴

1949-1959

上海华孚金笔厂使用的"新民"牌墨水包装标贴

1949 — 1979

娱乐产品包装设计
ENTERTAINMENT PRODUCTS
PACKAGING DESIGN

中国乒乓公司的"盾"牌乒乓球，早在 20 世纪 30 年代就已开始生产。到了 50 年代，该公司还在继续生产，并且包装几乎完全一样，即全部采用硬纸盒包装。每盒包装 6 个（半打）乒乓球。不少企业曾设计、使用一种固定的产品包装形式，有意推销本厂自己生产的系列产品。如 50 年代国内知名的乒乓球生产企业——华南乒乓厂，当时该厂乒乓品牌有"回力"牌、"龙"牌和"光荣"牌等，除了包装标贴上半部分商标图样有所不同外，其余几乎是完全一样的。

1949-1959

华南乒乓厂使用的"回力"牌乒乓球包装标贴

中国乒乓公司使用的"盾"牌乒乓球包装标贴

唱片、磁带
包装纸袋设计

Packaging Label Design of Records and Magnetic Tape

抗日战争前，仅上海一地就有 30 多家唱片灌制生产企业。当时比较著名的企业和唱片品牌有大中华留声唱片公司使用的"双鹦鹉"牌、英商电气音乐实业有限公司使用的"百代"牌、蓓开唱片公司使用的"蓓开"牌。其他还有胜利、长城、新月、歌林、高亭、丽歌等唱片公司。当时的唱片包装袋主要采用牛皮纸。而包装纸袋的图样设计有人物、景物、几何图形和名人题词等，可谓丰富多彩。

20 世纪 60 年代后，我国唱片生产行业发生了很大变化。当时国内大大小小的唱片厂进行了合并，成立了中国唱片厂，唱片发行的渠道也统一改由中国唱片社出版和对外发行。无论是唱片材质（从黑色胶木改为红色塑料）、唱片外观尺寸（从外观尺寸 265 毫米边长的正方形，改为 185 毫米边长的正方形），还是唱片包装纸袋的外观设计风格等，都有非常明显的变革，具有强烈的时代特征。

1959-1969

中国唱片厂使用的中国唱片
包装纸袋

红声

录音磁带

郑州广播器材厂

1969-1979

郑州广播器材厂使用的"红
声"牌录音磁带包装纸袋

琴弦包装纸袋设计

琴弦是提琴的一种常用零配件。作者在 30 多年前有幸收集到两件 20 世纪 60 年代后期，由北京与上海两家乐器厂使用的非常有时代特征的琴弦包装纸袋。

1959–1969

工农兵乐器厂使用的"红旗"牌琴弦包装纸袋

上海提琴厂使用的"红星"牌琴弦包装纸袋

积木
包装纸盒设计

20 世纪 30 年代中后期，国内就有多家企业生产儿童积木玩具。如当时主要有三星玩具公司、中国棋子玩具公司、上海中国工艺社和爱国玩具股份有限公司等 10 多家企业。那时，国内各生产企业的积木玩具主要以硬纸盒包装为主，但也有少数生产企业采用硬板纸加小木条的组合包装或纯木盒包装等形式。早期积木玩具外包装纸盒整体设计美观，色彩丰富。这与此类产品的直接使用对象——广大少年儿童，有着非常密切的关系。

1949-1959

公私合营上海中艺玩具厂使用的（甲）彩色积木包装纸盒

1949-1959

上海中国工艺社使用的"中国工艺社"牌（中）建筑积木包装纸盒

对棋类这一大家族而言，其一般可细分为围棋、象棋、跳棋、五子棋、陆战棋、飞行棋和运动棋等等。虽然棋类种类不少，但自 20 世纪 20 年代至 60 年代，留存至今的棋类包装原件实物非常稀少。这是何故？原因是多方面的。首先，20 世纪 20 年代生产的棋类产品，至今已有百年。早期棋类一般是纸盒包装，而纸质包装的牢度非常有限，自然损坏非常严重。其次，棋类是日常生活中非常受民众欢迎的价廉物美的娱乐玩具，平时的使用频率非常高，破损自然也是十分严重的。再次，早期棋类产品的生产量都不是很高，如此自然保存至今的概率也就很低了。

上面的一段文字，无非就是说明早期棋类包装物现在已很难看到、收集到。这对专业研究早期棋类产品包装艺术设计带来了很大的不便。因为无法见到大量第一手 20 世纪三四十年代生产和使用的棋类包装物，我们对早期棋类产品的包装设计就很难做出一些准确与合理的研判。本节选取 50 年代初与 60 年代末至 70 年代初各一件棋类产品包装纸盒，就其包装设计，进行一些简要的解读。

这里先谈一件 20 世纪 50 年代初由中国工艺社使用的"中国工艺社"牌五子棋包装纸盒。这件包装纸盒的外观设计主要集中在盒盖正面的包装标贴与纸盒四周侧面的装饰上。纸盒盒盖正面的包装标贴设计画面比较直观，即由五位棋手围绕着桌面，就五子棋的具体下法进行议论。右下角圆形图样是经当时政府商标管理机关核准的注册商标。纸盒四周侧面所粘贴的，是设计非常精细的，由中国工艺社使用的"中国工艺社"牌圆形商标图样与其他菱形图样一起组合成的专用装饰性包装纸。这种设计精巧的专用包装纸，一方面是对纸盒进行包装和美化，同时也是对产品商标的一种广告宣传，更是对产品商标的一种无形的保护。

另外，再看一件 60 年代末至 70 年代初由上海玩具十一厂使用的运动棋包装纸盒。这件运动棋包装盒盒盖处以登山运动员正在艰难地攀登雪山高峰为基本画面，以此凸显运动员登山的力量与勇气。而左上角红底白字，是当时一位领导的指示。实际上，这也是当时在包装设计中，非常显著的一种时代特征。

1949-1959

中国工艺社使用的"中国工
艺社"牌五子棋包装纸盒

1969-1979

上海玩具十一厂使用的运动
棋包装纸盒

六面画
包装标贴
设计

前面说了中国工艺社使用的"中国工艺社"牌建筑积木和五子棋等玩具产品的包装设计。实际上，该企业是20世纪30年代至50年代，我国知名度很高的一家大型专业玩具生产企业。早期，该企业生产的各种木质、竹制玩具产品种类繁多。从目前遗存看，该企业曾先后生产过各种积木、棋类、插板、排板、游戏棒和六面画等数十种玩具产品。这里根据本书稿章节安排，再说一种木质六面画儿童智力玩具的包装设计。

此处要介绍的是20世纪50年代初，由我国早期著名玩具企业——中国工艺社生产的儿童使用的一组木质智力玩具"飞禽六面画"的包装标贴。这组非常漂亮的五彩包装标贴，由该企业直接使用在木质"飞禽六面画"玩具包装纸盒的正面盒面处。本节选取的是这组"飞禽六面画"玩具产品中的3件。画面内容都是人们非常喜爱且又很常见的，受人们保护的鸟类。从这组包装标贴图样设计看，设计人员选用了一种惹人喜爱的民间年画的设计风格。设计人员在画面中采用工笔画的技法，将戴胜、蜂雀等各种珍禽绘制得栩栩如生，且又十分精细、传神。

另外，在"飞禽六面画"五彩包装标贴画面设计时，设计人员同样不忘对很有特色的十字形"中国工艺社"牌商标图样的具体位置进行灵活插入。而画面中的"1335"，是当时这组"飞禽六面画"的产品型号。这里不再多说。

1949-1959

中国工艺社使用的"中国工艺社"牌蜂雀六面画包装标贴

1949-1959

中国工艺社使用的"中国工
艺社"牌戴胜六面画包装标
贴

中国工艺社使用的"中国工
艺社"牌五采（彩）芙蓉六
面画包装标贴

图书在版编目（CIP）数据

1949-1979中国包装设计珍藏档案 / 左旭初著. --
上海 ： 上海人民美术出版社，2023.12
ISBN 978-7-5586-2808-5

Ⅰ．①1… Ⅱ．①左… Ⅲ．①包装设计－中国－
1949-1979 Ⅳ．①TB482

中国国家版本馆CIP数据核字 (2023) 第188748号

1949—1979中国包装设计珍藏档案

著　　者：左旭初

策　　划：孙　青

责任编辑：孙　青

特邀编辑：沈　超

责任校对：张　燕

技术编辑：史　湧

出版发行：上海人民美术出版社

地　　址：上海市闵行区号景路 159 弄 A 座 7F　邮编：201101

印　　刷：上海丽佳制版印刷有限公司

开　　本：710×1000　1/16　15 印张

版　　次：2024 年 1 月第 1 版

印　　次：2024 年 1 月第 1 次

书　　号：ISBN 978-7-5586-2808-5

定　　价：198.00 元